"十三五"普通高等教育本科部委级规划教材

饰界

配饰效果设计

余晓雅　李潇悦　赵静　◎编著

ACCESSORY

EFFECT

DESIGN

中国纺织出版社有限公司

内 容 提 要

本书为"十三五"普通高等教育本科部委级规划教材。

本书从教学实践出发，打破传统思维定式，将体现配饰效果设计内容的思维、材质、工艺与造型等以专题形式展现，并选配了近千张精美的图片。分析讲解层层递进使学习者直观了解设计流程、熟练掌握与运用各种材质与媒介，在设计实践与创意表达中不断提高设计能力与水平。

本书内容丰富，可操作性强，既可作为高等院校服饰配饰设计教材，也可作为行业相关从业人员的学习参考书。

图书在版编目（CIP）数据

饰界：配饰效果设计 / 赵静，李潇悦，余晓雅编著
. -- 北京：中国纺织出版社有限公司，2020.8
"十三五"普通高等教育本科部委级规划教材
ISBN 978-7-5180-7167-8

Ⅰ.①饰…　Ⅱ.①赵…②李…③余…　Ⅲ.①服饰—设计—高等学校—教材　Ⅳ.① TS941.2

中国版本图书馆 CIP 数据核字（2020）第 085446 号

策划编辑：魏　萌　　责任编辑：苗　苗
责任校对：寇晨晨　　责任印制：王艳丽

中国纺织出版社有限公司出版发行
地址：北京市朝阳区百子湾东里 A407 号楼　邮政编码：100124
销售电话：010 — 67004422　传真：010 — 87155801
http://www.c-textilep.com
中国纺织出版社天猫旗舰店
官方微博 http://weibo.com/2119887771
北京华联印刷有限公司印刷　各地新华书店经销
2020 年 8 月第 1 版第 1 次印刷
开本：889 × 1194　1/16　印张：11
字数：179 千字　定价：68.00 元

前言

Preface

 配饰效果设计不仅仅是首饰设计、鞋靴设计、箱包设计，也是一门综合性的学科，需要设计师经过专业化的训练，对加工工艺谙熟，对配饰文化理解，对设计有无限的想象力，而想象力的培养却不是一朝一夕的。

 本教材从实践教学的角度出发，参阅大量国内外配饰设计与高校教学的前沿资讯，借助世界优秀配饰设计作品，打破传统思维定式，将体现配饰效果设计内容的思维、材质、工艺与造型等以专题形式展现，即分成"思维与情感""材质与媒介""工艺与突破""造型与风格"四个部分。内容上围绕世界范围内优秀的服装配饰设计实践案例，从创意设计从何而来、实现创意思维的媒介、配饰创意的设计方法、配饰设计的未来热点及发展空间等方面，层层递进地展开分析讲解，通过相关知识点的链接，课程重点的详细解析与设计思维模式的启发，进而扩展到配饰各领域的设计流程与方法，递进式地提高学生对配饰效果设计课程的学习能力。最重要的是，这种视觉化、信息化、灵活化的教材形式，既可独立成章又能环环相扣，力求解放每一位学习者的思想禁锢，使学习者更直观地了解设计流程、更灵活地掌握与运用各种材质与媒介，在设计实践与创意表达中不断提高设计能力，以达到设计目的的完美展现，进而充分体现配饰设计的思想内涵和精神文化。

赵静

2020年1月

目录

Contents

第一章
思维与情感

食之于物

在所有设计工作中，创意的概念都非常重要。它不单指创造出新事物，更是指对现有事物或行为进行重新思考，从而带来具有发展性或得到改善的结果。几乎每位出色的设计从业者都致力于不断挖掘创意并带来受欢迎的设计作品，可见创意是推进设计发展及革新的动力。随着当今社会的竞争日益激烈，创意也逐渐成为一种核心竞争力，能使作品在众多雷同的设计中脱颖而出。

那么创意是如何产生的呢？创意来源于人类思维的开拓与延伸，它绝不是仅从一次偶然的灵光乍现中就能获得的，而是通过长时间的聚焦思考，并对一系列思考结果进行逻辑梳理，最终形成一个合理的解决方案。

换言之，人类之所以能够一直进行创造，正是由于人类拥有创意思维，能用创新的方式解决问题。当人们通过与周围事物的多次接触，形成客观的认知及经验判断，并通过信息加工的方式赋予它们全新的象征意义，创意便由此诞生。

要想在配饰设计中融入创意，必须保持敏锐的观察力和想象力。人类日常起居中包括衣食住行等各种行为活动，还有自然万物，如蔬菜水果、花草树木、星辰大海、蜉蝣尘埃……这些都有可能成为创意的灵感来源。当设计者开始做一个生活中的有心人，留意生活中的每个细节，这便向创意之门迈出了第一步。此外，还要学会培养自身的想象力和创造力，通

过不断开拓自身的思维模式，掌握联想思维、发散思维、逆向思维等创意思维，从而使自身能够对日常输入的信息进行创意性地加工，最终融汇成一个好创意。以生活中常见的食材为例，食材除了食用是否还有其他用途呢？炫酷的西瓜头盔（图1）、富有肌理感的苹果手提袋（图2）、柔软的茄子乐福鞋（图3）和具有独特外观的的面条链饰（图4），可谓一组奇妙而有趣的配饰设计。脑洞大开的设计师通过联想思维，找到蔬菜水果和各种配饰物品之间的共同点，并由此将它们联合在一起，巧妙地将食材的外观造型和色泽纹理嫁接在配饰物上，由此制作出富有创意且生动有趣的作品。

图1

图2

图3

图4

图5

联想思维是指根据事物之间的共性特征，将看似不相关的二者联系在一起的思维方法。它并非指单纯的记忆重现，而是将过去没有联系的事物组合在一起，最终获得新的结果。联想思维的形式包括以下三点：（1）相似联想：因两种事物在形式上的相似展开联想；（2）接近联想：因两种事物在时间或空间上的接近，由事物A联想到事物B；（3）对比联想：因事物A的相反特点，而想到事物B。日本品牌DOLY（多莉）的设计师运用联想思维中的相似联想，将三文鱼叠加在饭团面上的造型与人们日常使用的双层便当盒联系在一起，从而创造出生动有趣的三文鱼便当盒（图5），给人们日常的用餐活动增添了一份艺术情趣。

澳大利亚针织达人Phil Fergu-son（菲尔·费格森）原本在一家餐厅工作，日常有大量机会接触食材。后来他对针织艺术产生兴趣，并通过大量实践练习掌握了这项技艺。但Phil并不满足于仅用针织制作一些普通的装饰物，他一直在探索如何创造出更有创意的作品。通过长时间的思考和观察，Phil发现食物本身具有独特的外观造型和丰富的色彩纹理，是适合作为创意灵感的好素材。于是，

他开始尝试将西瓜、西兰花、汉堡、热狗、煎蛋（图6~图11）……这些在日常生活中再常见不过的食物利用针织工艺制作成可以佩戴的创意帽饰。为了达到更好的设计效果，Phil特意将这些食物头饰的外观造型进行夸张巨化，并形象生动地还原出食物本身的色彩和纹理。当它们被佩戴在人体上时，就仿佛一个真实的食物悬扣在头顶，具有强烈的视觉冲击力，同时又给人带来耳目一新的创意感。

像Phil一样通过不断拓展思维对生活中的点点滴滴进行思考与想象，并不断地融入自己的设计素材库中，使自身的创作范围得以延展，不失为一个获得创意的好方法。拓展思维的前提是克服原有的惯性思维，敞开思路，并从多个角度去思考问题。而保持创意的秘诀之一，就在于平日里保持天马行空的想象和无止境的好奇心。

图6

图7

图8

图9

图10

图11

Phil Ferguson设计作品

思考与行动：

热缩片是一种遇热会缩小增厚的化学制品，质感与塑料相似。其神奇之处在于能够轻松制作出各种各样的造型（图12）。其制作方法是：首先要绘制好图案，再用热风枪吹至平整，最后涂上滴胶即可。在首饰设计领域，这种既能轻松实现造型又能随意涂鸦的新玩法深受现代设计师喜爱。

1.请以生活中的某种食材作为灵感对象，运用联想思维，将其与某种饰品，比如耳饰、戒指、项链、发饰等相结合，设计出一款创意配饰，并用热缩片的方式制作出来。

2.请仔细观察生活中各种食材的表面肌理，通过摄影记录的方式，整理制作成个人设计素材库。

图12

第一节 穿越生活 | 自然的力量

从艺术创作的角度来看，自然一直是戏剧、电影、摄影、设计等艺术专业中长盛不衰的创作主题。事实上，人类自诞生之日起便与自然紧密地联系在一起。自然对于人们而言，既亲近又亲切。在观察自然的过程中，人们探索着世间万物的变化规律，并尝试找到与自然和谐相处的平衡点。正是基于对人与自然之间关系的思考，才促使设计师们在进行创作题材选择时，对诸如山川、星辰、大海……这些自然素材有着更强烈的选用意向。每一种自然景象都有其形态、色彩和肌理等特征，能带给人们无限的创作灵感。这便需要设计师们留心观察、收集素材，从而为下一次创意设计的到来做好准备。设计师Ankie Lee（李安琪）通过对冰山造型的观察，以之为设计灵感，设计出一系列首饰作品，由此表达出每个人都是复杂并且难以解释的个体，自己对他人的了解也往往是冰山一角的理念。通过树脂、矿石等多种材料的试验，运用几何造型和蓝白色系，在视觉上营造出了如冰山般寒冷的氛围（图1~图6）。

图3

图4

图5

图1

图2

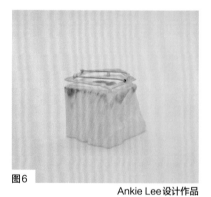
图6

Ankie Lee设计作品

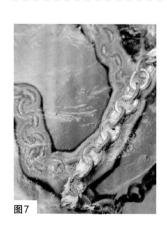
图7

图8

从自然元素中获取灵感并进行创意设计的有效方法之一便是以自然物象造型的外观作为切入点，进行仿生设计。仿生设计主要可分为以下几类：（1）生物形态仿生；（2）生物肌理仿生；（3）生物结构仿生；（4）生物功能仿生；（5）生物意象仿生。设计师Mlirka Janeckova（姆利尔卡·让珂瓦）的作品Subterrain Rivers（《亚天然之河》），根据河流的随机流向造型设计出具有动感之美的链式项链（图7、图8）。该作品同时受到新艺术运动的有机形状、Mughal（穆格哈）画作和深海审美的影响。

在设计领域中，自然是永恒的创作题材。世间万物都有其独特外形，对于设计师而言，这些都是源源不断的创意。以植物元素为例，其外观形状通常能够表达出灵动、柔美之感。在设计内涵方面，植物元素也总能轻易地让人联想到自然世界，从而引发人们对人与自然之间和谐相处等问题的思考。在设计过程中，对植物元素的使用除了在外观造型上的纯粹模仿，同时还应注意运用联想思维、逆向思维等创意思维展开突破性的想象，从而产生独特的设计创意。

来自西班牙的首饰艺术家Montserrat Lacomba（蒙特塞拉特·拉孔巴）擅长从自然之景中寻找创作的力量。图9~图14为其设计作品，在该作品中，她以珐琅来表现大自然丰富而清丽的色彩，画面定格细腻多变的海浪与沙滩。这些独一无二的胸针作品好像贮藏着地球某处的一汪海水，洋溢着浪漫的诗情画意。"我的作品创作灵感来自大自然景观。我喜欢大自然给予人类的一切。我喜欢观察它们。或动或静，或实或虚。它不会消失，它无时无刻都在那里！"Montserrat Lacomba如此说道。

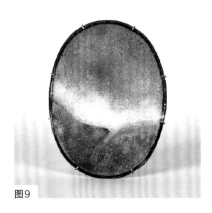
图9

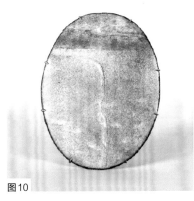
图10

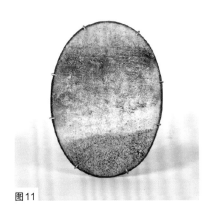
图11

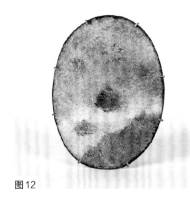
图12

图13

图14

Montserrat Lacomba 设计作品

思考与行动：

设计师Ben Young（本·扬）经过观察、构思、绘图和制模等设计流程，用无机质的工业材料和手工制作的方式，把令人震撼的海洋变成雕塑实物，逼真地还原出美丽的海洋之景（图15）。除了树脂材料以外，该作品还运用了混凝土。混凝土的颜色与透明湛蓝的树脂海水形成特鲜明的对比，也营造出海底的特殊地形，为光线提供了折射的物质基础。

1.请尝试运用摄影方法从自然中收集设计素材，分类整理后做成自己的设计素材库。

2.请选取自己感兴趣的自然元素为灵感对象，分析其色彩、造型及纹理等特征，并据此构思一款珠宝设计。

图15

第一节 穿越生活 | 动物王国

泰国珠宝品牌 Mary Lou（玛丽·露）以森林动物为灵感，设计了一系列经典萌趣的戒指（图1～图4）。该设计选用黄铜来制作戒指底托，其表面的动物外观则运用经典的珐琅工艺进行上色。从戒指的整体结构上看，设计师运用解构的艺术方法将完整的动物身躯分解成三部分，使得每个戒指拥有三合一的组装外观，佩戴者不仅可以将其全部组合在一起佩戴，也可以拆分开来单独佩戴。有些单独成型的戒指，则运用了抽象夸张的造型方法，突出了动物关键形态特征而挖空删去其腹部造型，从而使整体造型形成可佩戴的指环。消费者戴上戒指后的视觉效果就仿佛被一只只可爱的小动物抱住了手指。对消费者而言，与动物题材有关的设计作品一直都有着莫大的吸引力。形态各异的动物题材总能为奢华的珠宝饰品增添几分亲切感和趣味性。

图2

图3

图4

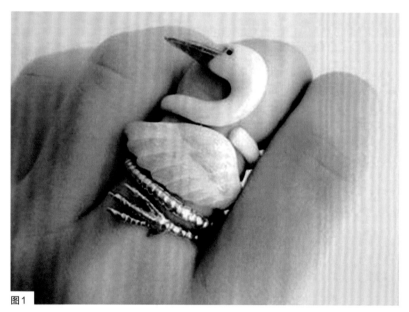

图1

Mary Lou 品牌作品

图5

图6

设计方法中的重复手法并非指简单的复制或拷贝，而是抓住作品整体或某些元素中存在的规律共性，并对其进行强调。重复的方法包括：色彩重复、元素重复、形状重复等。它能让作品从整体到局部的内容都表现得更加鲜明，并给人们带来和谐统一的视觉效果。知名珠宝品牌 Boucheron（宝诗龙）在其珠宝系列中，便充分运用了重复的设计手法精准地刻画出了各种动物的经典神态。例如，通过提取孔雀的尾巴造型特征，运用重复性的水滴形状进行塑型（图5）；用重复的方法形成豹纹图案，将豹子的尾巴和利爪运用大量点状豹纹图案进行装饰（图6），令人一眼看出该设计灵感为豹子。

珠宝设计是一份具有商业属性的艺术类工作，其执行要义是既要满足现代人的审美品位，同时又要符合大众的消费需求。随着消费者审美观念与个性化需求的转变，设计师们正在尝试用各种新的途径来实现更多受市场欢迎的创意作品。一件出色的作品通常是由多方面元素组合而成的，比如色彩、构成、风格、细节等。更关键的是，设计师在创作过程中运用了各种各样的艺术手法，比如简化、对比、解构、抽象、夸张、象征等。这些艺术手法将原本普通的素材加工整合，或在色彩上探索突破，或形成独特的造型肌理，或赋予设计独特的象征内涵，最终将带来凝聚设计师智慧的创意结果。

珠宝品牌Van Cleef & Arpels（梵克雅宝）以九种动物为设计灵感，推出一系列栩栩如生的创意胸针作品（图7～图12），名为Lucky Animals（《幸运动物》）。设计师运用简化的设计思维，抓住动物最具代表性的造型特征，并用平面图形的方式将其呈现出来。接着通过手工切割的方式来塑造动物身、翅膀、尾巴等不同形态。动物的眼睛和鼻子则由弧面切割的宝石或玛瑙进行重复性的环绕镶嵌装饰。这些装饰使得原本平面化的动物图案具有了灵动萌趣的神态，令人爱不释手。

图7

图8

图9

图10

图11

图12

Van Cleef & Arpels品牌作品

思考与行动：

美国设计师Carolyn Morris Bach（卡罗琳·莫里斯·巴赫）擅长设计具有丰富想象力的配饰（图13、图14）。其设计灵感多来自森林动物和古老神话。在其作品中，Carolyn运用拟人和象征的设计方法，赋予每种动物形象一张独特的人脸，使其作品蒙上超现实主义的艺术特色，带给人们眼前一亮的创意感。

1. 请以自己所喜爱的某种动物为灵感，尝试综合运用重复、抽象、象征等设计手法，设计一款首饰作品。

2. 请通过查阅书籍或网络等方式，找到更多创意性设计手法，尝试对它们进行分析对比。

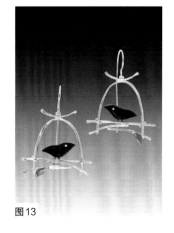

图13

图14

一物多用

任何设计工作开展的前提都是明确用户需求。只有围绕用户的真实需求来思考解决方案，才能击中用户需求的痛点，做出真正具有竞争优势、受到市场欢迎的创意设计。根据马斯洛需求理论，人的需求从低到高可分为生理需求、安全需求、社交需求、尊重需求和自我实现需求。而从产品设计的角度来看，随着人类需求的变化，产品自身也从功能性、美观性、便利性以及趣味性等方面不断深化发展。然而，不同处境或情境中的人的需求是不相同的。为了满足用户的多方面需求，带来更好的设计体验感，一物多用的设计理念应运而生。

一物多用，即产品本身具有多功能性，是指一种物品的使用方式能随着用户需求的变化而变化，同一产品能满足使用者的不同需求。其目的是运用合理的设计构思来解决生活中具有关联性的问题。从设计思维的层面来看，一物多用设计理念属于联想思维、发散思维、收敛思维和逆向思维等创意思维的综合运用。一物多用的柜子（图1）、具有收纳功能的椅子（图2）、具有开瓶器功能的钥匙扣（图3、图4）……这些生活中常见的多功能产品均运用了一物多用的设计理念。设计师们从提升便利性的角度着手，尝试将同一情境中会使用到的不同产品组合在一起，或优化产品内部结构，从而使多种功能组合在一起，或更改产品的外部造型从而带来新的使用方式。无论是以上哪种设计，其最终结果都创造了具有多功能的新产品，由此满足了人们生活中的便利需求。

图1

图2

图3

图4

图5

一物多用的设计原则可归纳为以下三点：（1）整体性原则。在设计过程中应从产品整体功能和现实使用情况考虑，尽量发挥一物多用设计理念的优势。（2）适度性原则。一物多用虽然强调多功能性，但应避免功能的盲目叠加导致功能过剩，从而降低用户体验感。（3）经济性原则。一物多用的设计应在合理的造价成本的基础上展开设计。美国设计师Tiffany Burnette（蒂芙尼·伯纳特）设计了一款既美观又实用名的一物多用配饰——地铁手镯（图5）。它遵循一物多用设计中的整体性原则和经济性原则，将日常交通中的地铁线路作为装饰纹样刻印在一片轻薄的曲形金属手镯表面，假如游客在陌生城市旅行时不熟悉地铁站点或不知应搭乘哪条线路，便可从随身佩戴的地铁手镯上查找到前行路线。

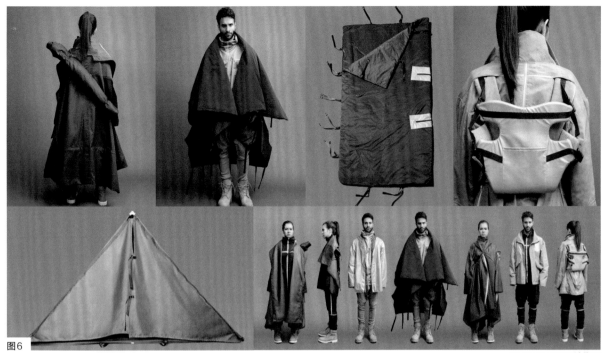

图6

一物多用设计理念真正的流行时期是第二次世界大战后。由于当时物资匮乏，人们迫切希望常用产品能在成本不变的基础上拥有更多的功能，从而为生活带来更多便利。进入现代以后，尽管人们的生活水平日益提高，但生活水平低下、物资匮乏的人也始终不在少数。如何根据这部分人的需求设计出适合他们的产品呢？毕业于纽约帕森斯设计学院的设计师Angela Luna（安吉拉·露娜）用行动给出了我们答案。起初她钟情于晚礼服设计，因在新闻中获悉大量叙利亚人民由于战乱而无家可归，其幸存者在流浪中遭受饥寒的肆虐，她开始思考如何为这些流离失所的难民设计功能性服装。经过对其生存需求的多方面分析，Angela对原有产品的结构进行功能性优化，最终设计出这组具有一物多用特点的奇妙产品（图6）：这些产品表面上看是一个背包或者一件外套，但有的可以撑开变成一个宽敞的帐篷，实现难民们随地"安家"的现实需求，以免露宿街头；有的则配有醒目反光条纹，能使穿着者在遇难时被及时发现而快速获救；有的在遇到水灾或意外落水时，可以充气变为一件浮力救生衣……Angela想通过一物多用的设计产品为人们提供生活的便利，同时向世人传递一种善意。她凭借该设计曾获得年度最佳设计奖，该系列设计也被誉为"一物多用"设计作品的典范。

思考与行动：

一物多用的设计理念体现了中国传统中物尽其用的造物哲学。具体可从空间、行为、约束条件和差异需求等方面进行整合，从而获得新创意。在珠宝设计领域，许多著名品牌的珠宝设计师利用解构拆分的设计方法将原本只有一种用途的珠宝进行多款变化，从而显著提升了珠宝配饰的使用频率，使之深受消费者的青睐。例如，日本品牌MIKIMOTO（御木本）的经典配饰代表作——矢车和服扣（图7），可以被拆分成12件独立的饰品，如胸针、戒指等。如今，这件矢车和服扣被珍藏于日本著名的珍珠博物馆内。

1.请通过访谈的方式，了解身边人对于现有产品的使用反馈，从中挖掘用户的真实需求，分析现有产品的可优化点，并提出合适的解决方案。

2.请尝试运用解构拆分的设计方法，设计一款具有多功能性的配饰设计作品。

图7

人本设计

出色的设计作品除了具有独特创意，同时也离不开情感的注入。人性化、高情感的作品能更好地表达人文关怀，引起用户共鸣，从而获得更高的认同感。

美国设计理论家维克多·巴巴纳克曾提到："设计师的最大作用不是创造商业价值，也不是在包装及风格方面的竞争，而是创造一种适当的社会变革中的元素。"现代变革给人们带来更多便利，同时也带来了许多问题，如自然生态环境的恶化、无意义的形式设计等。为解决这些问题，越来越多的新时代设计师开始将关注点放到人身上，于是"以人为本"的理念开始渗透到设计的各个领域。人本设计遵循以人为中心的设计思想，强调对人的尊重和关爱，并通过"以情

动人"来使人产生积极的心理感受和情感体验。以人为本的设计，既是一种思考，也是一种行动。它不单只是为某个人，更是为每个人。此外，在人本设计中需要满足人的生理、心理需求和精神追求，充分表现出对人本身价值的肯定，最终设计出形式与功能相统一的人性化产品。来自皇家艺术学院的学生Simone Schiefer（西蒙娜·舍费尔）从以人为本的角度出发设计了一款独特的鞋子（图1~图5）。她认为一双真正好的鞋类产品应该注重消费者的穿着体验，并结合人类的脚部构造、走路习惯及环境等因素，设计出一双"水鞋"。这双鞋脚底的水袋会随着不同穿着者的脚型和走路方式而自动调节相应的张力与柔软度，以此提高穿着舒适度。尽管这款鞋子暂时尚未全面推向市场，但是该设计师以人为本、强调人本身体验感的设计理念值得借鉴。

图1

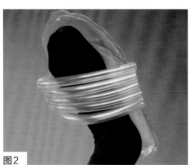
图2

图3

图4

图5

Simone Schiefer 设计作品

图6

人本设计既是社会进步的必然结果，也是未来设计的发展方向。它强调将人的体验放在首位来指导设计，通过前沿科技、创新设计手段，来解决生活、社会、城市等各方面的现实问题。Nike Hyper Adapt 1.0（耐克超适配1.0）自动跑鞋是著名运动品牌Nike所打造的未来鞋，也是首款使用自动系带技术的市售鞋款（图6）。这款鞋子可借助鞋面上的按钮、提环等装置来实现轻松穿脱、系鞋带、调节松紧度等功能。当双脚放入鞋中，鞋跟的电子感应器会自动感应，从而使鞋中的迷你马达自动拉紧鞋带。该设计从人本角度出发，解决了运动鞋需要频繁系鞋带或者鞋带忽然散开的问题，为人们的生活带来更多便利。

设计师Lvi Pivetta Viero（路易·皮维塔·威尔欧）聚焦于解决人们在看书过程中常见的问题，由此设计出一系列人性化产品：翻书指套、老花眼项链和单手持书戒指（图7）。平日里喜欢看书的人可能经常遇到下面这些问题：舔手指，原因是通过唾液沾湿手指后更容易翻开书页，但这种习惯不仅容易增加人们沾染病菌的风险，还可能在书页上留下唾液印迹；在看书的过程中，读者经常会用双手持握书的两端以使书本平整展开，若想腾出一只手取杯饮茶，往往只能暂停阅读；另外，年长者因为老花眼，而无法看清眼前较小的文字。上述种种都会带给人们不愉快的阅读体验。为了改善现状，Lvi Pivetta Viero对人们的阅读动作进行观察及分析，最终从产品的形式和功能方面着手设计：翻书指套是一种佩戴于指尖，类似于顶针的设计，因其表面有磁引力，戴上后便能轻松翻开书页；老花眼项链的吊坠是一个放大镜，佩戴该项链的用户可以随时用其阅读小字；单手持书戒指被戴在手指上后，能使读者单手持书同时保持书本打开的状态。事实上，做设计就是在不断地解决问题。从关怀用户的角度出发，抓住需求痛点并提出解决方案，有创意的好设计便由此而生。

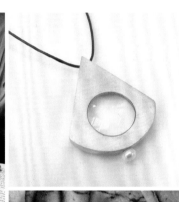

图7

Lvi Pivetta Viero **设计作品**

思考与行动：

要想体现产品的人性化特点，关键是从产品的形式要素上着手，如造型、色彩、材料等。通过这些要素的融合变化，结合产品的功能性，进而设计出富有人情味的创新产品。设想一下，当你手持雨伞走在雨中之时，手机突然收到了简讯，却腾不开双手回复，怎么办呢？细心的设计师们捕捉到这样的"不方便"，对伞柄造型进行改造。于是，常见的直筒状伞柄被设计了成圆环状（图8）。在撑伞时，人们可以直接把伞柄套在手腕上。仅仅只是造型外观上的改动，便有效改善了雨伞的使用体验，更使人感受到来自设计师的体贴关怀。

请做个有人心，大胆发现生活中有待改善的产品，找到合理的解决方案并将其设计出来

图8

第二节
拆掉意念的墙 | 逆流而上

　　创意是设计的灵魂，大胆突破常规，才能从众多平庸无奇的设计中挣脱出来，吸引观者眼球。在设计构思阶段，设计师们经常被惯性思维所控制，以老套的思维方式去思考及处理问题。正所谓"不破不立"，要想突破创新，就一定要打破固有惯性思维。否则，连思维都还被禁锢在旧的陈腐里，如何能做出好的设计作品？而思维定式是潜移默化的，在思考时往往不知不觉又循着旧路去了。在这时，就要时刻提醒自己，当进行到一定阶段后，停下来审视一下是否又跳入固有思维了。发明创造中除了按常规逻辑思维活动外，还有一些与人们平时思维方式相异的特殊思维方式，即所谓的创造性思维，包括逆向思维、类比思维、发散思维、联想思维等。

　　插画家兼平面设计师Vanessa McKeown（瓦内萨·麦基翁）就运用逆向思维将食物、生活用品、生活摆件、娱乐方式等进行趣味混搭，寻找其在某个角度或场景中存在的相同特征并将其组合在一起，打破它们给人的固有印象，创作了一组耐人寻味的作品（图1~图6）。她的作品带给观者强烈的奇趣视觉冲击，如人字拖的鞋底是用切片面包做的，拨开橘子皮时发现里面竟然藏着一个圆滚滚的足球，可口的菠萝被当作容器用来插花等。

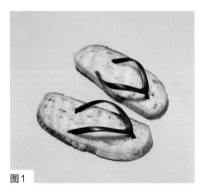
图1

图2

图3

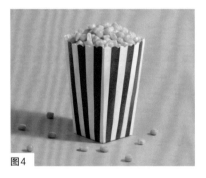
图4

图5

图6

Vanessa McKeown设计作品

图7

　　逆向思维通常具有以下三个特点：（1）普遍性。逆向思维在各领域、各种活动中都具适用性，而两个事物对立统一的形式可以从多方面去寻找，有一种对立统一的形式，相应就有一种逆向思维的角度。所以，逆向思维也有很多种不同形式。（2）批判性。逆向思维是与正向思维相比较而言的，正向思维是指常规的、公认的、习惯的想法与创意，逆向思维则恰恰相反，是反对传统、惯例、常识的一种思维模式。（3）新颖性。传统思维模式可以引导设计师们更快产生构思，但往往得到的是一些司空见惯的答案。逆向思维则可以有效克服这一障碍，给人眼前一亮的感觉（图7）。

设计强调创意，并主张打破常规。当设计师们抛弃旧观念，尝试拆掉"意念之墙"时，往往会找到新的灵感，碰撞出独特的创意火花。逆向思维对人类认知习惯的重构，是一种质的突破，它追求的是对人类已知方法、已有习惯、固有视觉形象的颠覆。逆向思维设计活动可以从产品的设计理念及功能转变进行思考，然后通过产品的外观造型、色彩搭配、图案纹样等来实现与众不同的创新设计。

设计师 Skye Gwillim（斯凯·格威利姆）在进行手提包设计时，便运用了逆向思维（图8～图13）。他一改手提包往日方方正正的规则形状，在一些特殊位置进行挖减面积的设计，使包袋看似残缺不全。但其实 Skye 这么做是为了更好地使其与人体各部位相嵌合，这样在出行过程中，使用者便可轻松将其搁置于腿上或挎在肩上，累的时候还可以搭搭手臂，为出行节省放置空间的同时也赚足了回头率。

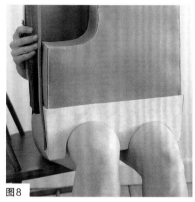
图8

图9

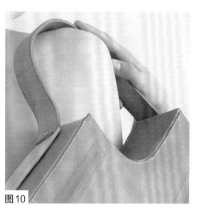
图10

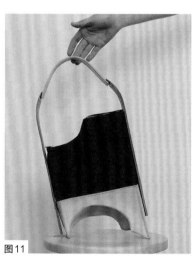
图11

图12

图13

Skye Gwillim 设计作品

思考与行动：

来自意大利的艺术家 Diego Cusano（迭戈·库萨诺）称自己为"梦幻研究员"，他的作品总是在探讨幻想与现实之间的界限。常规设计步骤通常是先有创意而后选择合适的材质与工艺方法进行创作，而 Diego 反其道而行，他基于现有材料的形状、肌理等特征进行创意构思，比如看到青蛙廓型，他想到了少女舞动的波浪裙摆；看到成串的葡萄，他将其幻想为马戏团小丑的蓬松卷发；包心菜的造型在他眼里好似沙滩上比基尼少女的遮阳帽……之后 Diego 再根据脑海中的幻想为这些物品添置契合的场景，使其成为完整的创意作品（图14）。

请查阅资料，再搜集三个运用逆向思维的配饰设计案例，分析其设计思路及制作方法，撰写一篇不少于1500字的分析报告，图文并茂。

图14

说到配饰设计，想必大多数人想到的是金银珠宝、翡翠玉石等贵重材质，试想是否可以突破创新，以一些特殊材质来传递情感呢？生活中的一些常用物件经过创作加工后也能释放出无限的艺术可能。在配饰设计领域，就有这么一些设计师，他们将餐具作为传递情感的材质，创造出了别具一格的创意配饰设计。皇家艺术学院学生Clare Whit（克莱尔·惠特）以西方神话中的战士女神杜尔迦为灵感，设计了"AW14"系列配饰（图1~图5）。Clare选取日常生活中的汤勺为材质，以其冰冷坚硬的质感体现女战神的刚强坚毅与无所畏惧的力量，将光滑简约的汤勺拆分重组成各种头饰、项饰、腕饰及其他部位身体装饰，创意独特又不乏时尚感，没想到普通的餐具也能散发出如此强大的艺术魅力。

图1　图2　图3　图4　图5

Clare Whit 设计作品

美国南卡罗来纳州艺术家Matt Wilson（玛特·威尔逊）运用一些废弃的餐具制作了一系列有趣的装置艺术。Wilson之前在一家船厂从事船舶金属模型建造，于是对金属雕塑产生了浓厚的兴趣，并掌握了一些金属制造工艺的技巧。Wilson运用平时积攒的一些废弃金属餐具与碎木制作了许多栩栩如生的动物，如鸟类（图6）、龙虾、蜘蛛、猫头鹰等，还有别具风味的孕妇形象。在制作过程中，将金属餐具弯曲改造成预想的形状需要极大的耐心与技巧，Wilson巧妙利用餐具本身的曲直特点，比如用平滑的勺子做鸟类身体部位，用叉子充当鸟类羽毛，勺柄做鸟的尾巴，再将其组合、焊接在一起，便形成了一幅生动有趣的画面。在别人看来无用的废弃金属材料却被Wilson看到了艺术潜力，并为其提供了更长的生命周期。不得不说，再普通的材质到了设计师的手上，都会焕发新彩，重续生机。

图6

图7

图8

图9

在欧洲跳蚤市场中，常常会看到一种银戒，它们的弧度较为粗糙且没有漂亮的封口。但奇妙的是，在这些银戒表面还雕有精美的花纹（图7~图10），甚至有些是专属于皇室的鸢尾花。这种戒指的由来有这样一种传说，古代欧洲贫穷的男仆或侍从在向自己的心上人求婚时，往往因为微薄的收入而无法购买价格高昂的戒指，于是便悄悄偷走贵族主人所用的银勺，截掉勺头只留下柄，然后将其折弯戴在未婚妻手指上，以此代表求婚戒指。后来许多设计师沿袭并改进了这种方法，搜集古董银勺进行创意设计。

银是仅次于金的贵金属，它的主要特性为易锻造、延展性佳，并且可以折射光线，在视觉上十分吸引人。与此同时，还有一个很有趣的现象是细菌无法在银器上存活，所以中国古代人们用银针探毒，而西方则利用银的这一特点制作贵族餐具。欧洲银器的制作始终与当时社会流行的艺术风格相联系，从早期带有宗教色彩的哥特式，到律动的巴洛克式，奢华的洛可可式等，不同时期的银勺纹样呈现出不同时期的风格特色（图11），这无疑也代表着一个时代文化与艺术水准的缩影。

设计师总是有着神奇的力量，把简单的东西变得不简单，把平凡的东西变得不平凡。利用这样的古董银器改造首饰，既保留了其历史价值，同时也提升了首饰设计的艺术境界。每件首饰上繁复精美的装饰纹样仿佛在诉说着属于那个时代的动人故事，并且其所具有的唯一性与独特性，是现代银饰无法媲美的。

图10

图11

思考与行动：

银材质的延展性和易锻造性给予了工匠们极大发挥与探索的空间，用古老银器制作的各种日用品和艺术品不胜枚举。越来越多的设计师以古董银勺为材质，利用其勺柄半浮雕式样的花卉植物或人物形象为自然装饰，只需将勺柄稍加打磨与弯曲便可制成一款精美又富有古典气息的首饰（图12~图14）。有些现代设计师还为其增添装饰，使其具有现代配饰的趣味性。

请搜集生活中的古老银质餐具，尝试对其进行改造，设计并制作出一款独具创意的配饰。

图12

图13

图14

无处不"怪"

配饰设计领域永远不乏有着天马行空创意的鬼马设计师，他们将原本平淡无奇的配饰设计用另外一种怪诞视角呈现，颠覆了公众审美尺度，以罕见的荒唐造型示人。这些作品不一定赏心悦目，但也呈现出不同凡响的视觉感受。设计师以这种古怪个性的创意告诉人们换种角度看生活会别有一番新意。

美国艺术家Gwen Murphy（格温·墨菲）热衷于鞋子设计，她赋予了各式各样的鞋子丰富的面部表情（图1~图5）。她的"恋足系列"作品都有着长长的脸、凸起的眼睛、撅起或张着的大嘴巴，仿佛在诉说着自己的心情。美国堪萨斯大学社会心理学教授Omri Gillath（奥瑞·吉拉斯）曾主持过一项关于鞋子的研究，研究结果表明可以从人们脚上所穿鞋子的款式、颜色、磨损状态等，约略观察出主人的潜在性格、年龄与社会地位。同样，在Gwen看来，每双鞋子本身都是一个独立的生命，它们也有喜怒哀乐，她会根据每双鞋子的不同特色，为其量身定制适合的"外衣"，让它们更好地展现鲜明"个性"。该系列的每双鞋子都有着不同的脸庞与表情，有的哀伤、有的开心、有的愤怒、有的害羞、有的调皮、有的惊讶。这样一组作品让观者不由驻足沉思背后的故事，给观者无限想象空间的同时也提升了作品的整体艺术感。

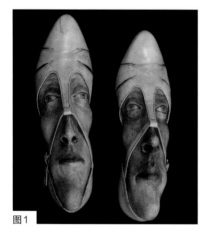

图1

图2

图3

图4

图5

Gwen Murphy设计作品

图6

怪诞配饰设计传递给观者惊愕、震撼、夸张、怪异、压迫等感受，利用强迫注意、铭刻记忆的魔法效应使观者印象深刻。人们在欣赏、佩戴这些怪诞配饰的同时，会产生滑稽好笑的趣味性或急于弄清原委的本能好奇心。这些由视觉引起的微妙心理感受使得怪诞配饰设计超越常规配饰设计，成功吸引观者眼球，并在其记忆中占据一席之地。

皇家艺术学院学生Aeen Lykke（伊恩·雷克）设计了一组以心脏为原型的怪诞雕塑设计（图6）。虽同为心脏造型，但通过不同装饰手法给观者呈现出不同的心理感受，有的像插满鲜花的高雅花瓶，有的像被拔了毛待煮的鸡，有的则在心脏上插了一把致命手枪，还有的仿佛植物生根一般长出嫩芽。能够以同一元素为原型设计出这么多花样，不得不佩服设计师的奇思妙想。

西班牙设计师Remedios Vincent（雷梅迪奥斯·文森特）将一些日常生活用品及人体器官元素集结起来，设计出一系列新颖独特的怪诞配饰（图7~图14）。这些组件在被拼凑起来之前，都拥有自己的"本职岗位"，比如牙齿用以咀嚼食物，睫毛保护人们眼球不受侵害。谁能想象这些器官有一天会作为配饰品被戴在身上？在Vincent眼里，一切归零，这些器官或物品不被赋予任何功能性目的，只为设计内涵与造型感而存在。他的作品不以实用性为目的，而是研究如何将某一元素从原本环境中抽离，再重新赋予其生命。在配饰设计中，找准设计理念的出发点，做到新奇却不失情感共鸣、搞怪又不失文化内涵，才能创作出真正好的作品。

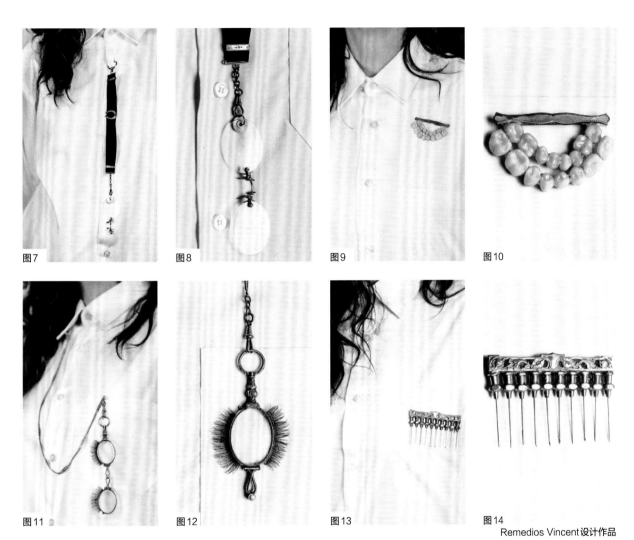

图7　图8　图9　图10

图11　图12　图13　图14

Remedios Vincent设计作品

思考与行动：

这组作品同样出自设计师Remedios Vincent（雷梅迪奥斯·文森特）之手，名为《皇帝的新衣》（图15）。Vincent将从古董商店里淘来的旧零件和装饰品制成各式各样的创意首饰，并将其放置在以蔬果搭建的情境中，配以各种稀奇装饰，拍得有些怪诞，却又展现了一定个性，给观者以新奇的视觉效果与感受。

请广泛查阅资料，找找还有什么创意独特的怪诞配饰，从中汲取灵感，动手制作一款夸张的"怪异"配饰。

图15

无形胜有形

随着信息技术的发展，无形产品越来越受大众关注与追捧，究其原因在于无形产品可以在一定程度上节省人们的时间与空间，如现在音乐媒体几乎完全代替了卡带，电子书也几近代替了纸本，线上教学比课堂教学要方便得多，等等。无形产品虽然与有形产品同样具有内在价值与使用价值，但却没有外在形体，是一种凝结在有形载体中的无形脑力劳动成果，是看得见摸不着的产物。无形产品的价值在于其创造性，是设计师创意思维的高度集中与体现。在配饰设计领域，最常见的无形装饰就是光影投射至载体上产生的，可以是自然光，也可以是利用投影设备产生的装饰影像（图1～图5）。这些无形的装饰会根据不同媒介与载体呈现出不同的视觉效果，比有形产品更加耐人寻味。

图1

图2

图3

图4

图5

图6

图7

英国建筑大师Norman Foster（诺尔曼·福斯特）曾说："自然光总是在不停地变化着，这种光可以使建筑富有特征。"光之于建筑空间，为人们带来光明的同时也可以根据其投射变化丰富空间构成（图6、图7）。在配饰设计构思中亦是如此，设计师们可以将光影呈现出的变幻无穷的无形装饰运用到配饰设计中，既给予观者想象的空间，又呈现出曼妙虚幻的独特艺术美感，给观者带来超越有形的力量与感受。同时，要求设计师要具备开放的创意思维与空间想象力，能够预先在脑海中形成无形产品的雏形。

摄影师 Slve Sundsb（索威·桑德波）是意大利 Vogue 等时尚杂志的御用摄影师，在他的世界里，一刃自然光及人造光都是极佳的装饰手段。他把每一次拍摄都当作是全新体验，并享受在挑战中不断提升自我。Slve 擅长利用发散思维寻找创意，比如同样以光影投射在女性身体形成别样装饰为切入点，他会尝试利用各种不同肌理的光效进行拍摄，如大波点、小波点、条纹、网格及激光投射等，从而探究不同光影效果与人体交织所呈现出的多元艺术效果及直观感受。在 Slve 的这组作品中，大波点给人自然浪漫之感（图8、图9），而小波点则给人复古优雅的感觉（图10、图11）；条纹整齐富有韵律感（图12、图13）；格纹则更加时尚前卫（图14）；不规则激光投射又给人以扑面而来的神秘与野性（图15）。这些大然的无形装饰带着一丝狡黠，又充满了狂野与娇媚，呈现出无限张力与不受束缚之美。

这种利用发散思维探究不同光影装饰效果的方法不失为我们创意设计中的一个小技巧。以某点出发，网状拓展思维，从而以不同切入点进行创意设计。

图8

图9

图10

图11

图12

图13

图14

图15

Slve Sundsb 摄影作品

思考与行动：

在配饰设计中，设计师们有时需要跳出原有圈子，尝试做一些不同寻常的设计。比如在生活中，光影随处可见，而最简易快捷地打造无形配饰的方法就是巧妙借助光影效果。光影呈现出的装饰效果随性自然，如利用光线透过镂空雨伞在女性肩背部形成仿佛蕾丝般的披肩装饰（图16），又或是借助大片树叶的肌理感，为沙滩上穿着比基尼晒太阳的女性披上一件似有若无的条纹外衣（图17）。

请尝试借助光影与一些道具，拍摄一组在身体上形成的"幻影配饰"

图16

图17

情感化配饰设计虽不具备较强的实用性，但却是连接作品与佩戴者的纽带，通过佩戴者与产品的互动传递情感，唤起人们内心深处的某一段记忆，从而让其对产品印象更加深刻，同时也能满足不同人的精神需求。设计师如果想创造出能激发消费者情感诉求的产品，首先要了解消费人群的需求是什么及情感输送的过程，只有对情感表达过程进行深入研究，才能使设计创意成功传达情感，引起消费者共鸣。其次，根据已有构思与创意，选择合适的材料与工艺将这种构思变为现实产物也是极其重要的一步。不仅要在造型上引发观者联想，材质也是引起观者共鸣的重要因素。

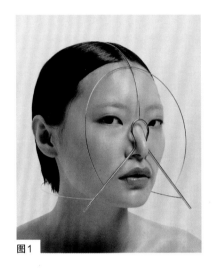

图1

情感化设计能够更好传递现代年轻人的情感个性化需求，因此逐渐成为配饰设计发展的一种新趋势。

皇家艺术学院学生突发奇想，制作了一系列以外科手术为主题的配饰设计（图1~图5），体现年轻女孩追求美丽外表的过程。这些配饰的灵感来源于佩戴者考虑外在形象时的心理感受，通过该设计中首饰佩戴者的表情及神态，可以看出她并不舒适。这些冰冷坚硬的金属材质配饰有的撑开佩戴者的嘴巴、有的撑起眼皮、夹住鼻子、挤压嘴巴使之凸起等。通过佩戴这些作品可以使观者联想到变美需要经历及承受的痛苦过程，从而引发深思，是什么促使越来越多的年轻人过度关注自我外在形象，而这种趋势究竟是好是坏呢？

图2

图3

图4

图5

图6

图7

情感化配饰设计分为本能、行为和反思三个层次。本能层次主要由配饰的外观决定，强调配饰给人们带来的直观印象；行为层次指穿戴者在佩戴过程中产生的使用体验；反思层次指佩戴者主观思考的过程，强调配饰给佩戴者带来的影响或使佩戴者产生情感共鸣的部分。在设计过程中，三个层次相互协作，才能最终呈现出优秀完整的作品。

日本设计师Akiko Shinzato（新里爱子）创作的Self-confidence Boosters（自信增幅器）就如何通过外在装置提升人的自信进行了探讨。金属质感的配饰通过对人体各种强制矫正及控制，使佩戴者能够拥有上扬45°的标准微笑、抬头挺胸的挺拔身姿，同时促进佩戴者思考如何在生活中时刻保持自信及积极乐观的心态（图6、图7）。

图8

图9

图10

图11

图12

Akiko Shinzato 设计作品

如今社交网站逐渐成为大众塑造自身完美形象的平台，通过化妆或其他手法改变自己的脸仿佛成了一种提高自尊和自信的方法。而事实上，人们也的确可以通过一些方法来改变自己的外貌，从而达到他们所认为的"完美外表"。Akiko Shinzato（新里爱子）是一位来自日本的珠宝设计师，其作品*Another Skin*（《另一块肌肤》）运用皮革、镀金黄铜、宝石、水晶等材质制成可佩戴的人体五官，使穿戴者佩戴之后拥有了新的面部特征，展现出新的身份（图8~图12）。在Shinzato的配饰创作中，她想探索一件配饰如何影响一个人或一个人如何与之互动。她的作品本身并不完整，只有将它们穿戴在人体上才能展示出最终效果。同时，这系列配饰设计也传达出人们只要更换面部一个五官的样貌，仿佛就可以换一张脸、换一种人格。有太多人都奔走在追求美丽的道路上，反而忘记了生来纯粹的美。

思考与行动：

情感化配饰（图13、图14）的诞生主要源于两个方面。第一，让消费者参与其中的经济模式已成趋势，商品是有形的，服务是无形的，而体验是难忘的，故而更多配饰设计作品转向情感化设计。第二，由于当下人民经济水平普遍提高，在满足吃饱穿暖的前提下，人们逐渐追求个性化，而情感化设计能恰到好处地传达出佩戴者的内心情感。

请从情感化设计出发，以一种社会热点现象或人的情绪表达构思一系列配饰设计，撰写一篇不少于1000字的设计说明。

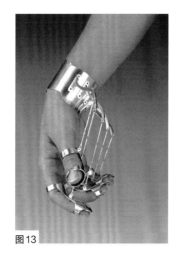

图13

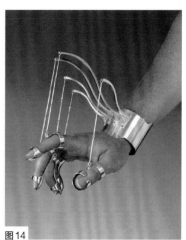

图14

第三节
有趣抑或无趣 | # 爱上乐高积木

乐高（LEGO）是一种家喻户晓的积木玩具，1932年诞生于丹麦的比隆小镇。它有色彩鲜艳、可塑性大、灵活性强等特点。尽管所有乐高积木都是形状大小无异的方块，但通过不断地拼接组装，人们可以将乐高积木搭建成各式各样的造型。每一块乐高积木既是独立的个体，又是构成整体的一部分。在搭建过程中，需要人们进行多次观察、思考和联想，并在一边动手的过程中一边发现、解决问题，从而搭建出自己喜欢的造型。短短几十年时间，乐高积木的销售发行地已超过130个国家，无论是大人或小孩都对其着迷不已。2000年，乐高积木玩具甚至被评选为改变世界的100项发明之一。将乐高积木玩具运用在配饰领域会擦出什么样的创意火花呢？

经典的乐高积木总是具备高饱和度的红、黄、橙、绿、蓝等颜色，以及具有凸起小圆点的方块造型。设计师们将此乐高积木造型元素运用在领结设计中（图1~图4），使得原本平凡无奇的领结摇身一变，仿佛成了一款乐高积木作品。佩戴者系上这样的领结，既俏皮又彰显活力，同时在不经意间透露出满怀的童心。乐高积木造型元素总令人联想起儿时的玩具和那段无忧无虑的童年，令人久久徜徉于童趣和欢乐之间。

图1

图2

图3

图4

图5

进入21世纪后，社会经济飞速发展。人们消费早已不只是为了满足实际生活需求，他们的消费行为越来越成熟，开始追求时尚、标榜个性、注重心理诉求。从而催生了以创意为先、体现个人审美趣味的现代设计。从设计角度看，"趣味设计"并非指某种设计风格，而是指在视觉感和触觉感方面特别能激起人们的某种兴趣或关注、引发人们的情感共鸣，具有不同程度审美趣味的设计。创作趣味性设计的设计师们擅长以创新视角使设计作品具有高度的审美趣味。例如，设计师将日常中带给人们诸多乐趣的乐高积木作为设计元素，通过堆砌粘贴的方式，将乐高积木当成装饰品遍覆于高跟鞋的表面，一双色彩丰富的乐高高跟鞋由此诞生，令人忍俊不禁（图5）。

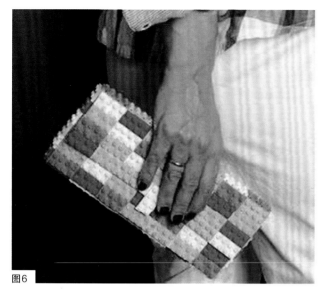

图6

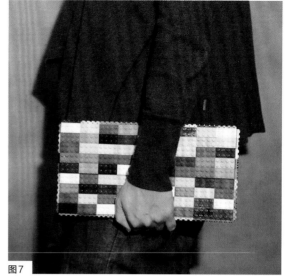

图7

图8

图9

图10

Agnieszka Biernacka设计作品

色彩明快、又好玩的乐高积木玩具陪伴了很多人的童年。它不仅是风靡世界的玩具，也是很多设计师、摄影师的创作素材。人们用它搭设照片和趣味电影的拍摄场景，也用它来搭建丰富有趣的塑像。配件设计师Agnieszka Biernacka（阿格涅斯卡·碧尔纳可卡）则别出心裁地用乐高积木制作配饰，打造出独特的乐高积木手袋（图6～图10）。通过使用堆砌拼贴的方法，设计师以手袋作为载体，然后将扁平化的乐高积木一块一块地贴上去，形成了特有的乐高积木纹样装饰。除了乐高积木经典的配色以外，设计师还尝试将其他色彩搭配运用其中，如英国米字旗红蓝配色、Gucci（古驰）品牌经典的红绿配色等，形成了不同风格的乐高积木手袋。拿着这样一款乐高积木手袋出门，既能形成装扮亮点，又能彰显青春个性，实在令人不得不爱！

思考与行动：

越是简单的东西越能给人们宽阔的想象空间与创造空间。乐高积木就是这样既简单却又独特的玩具。其无接点的组装方式，让每个人都可以轻易地把玩拆组。用乐高积木所搭建的造型还隐含着点、线、面等形式美要素（图11）。设计师们将单块乐高积木视作一个完整的造型要素，并将其制成可供佩戴的耳饰（图12）。色彩丰富的积木首饰不仅能让佩戴者看起来神采奕奕，还能彰显童心。

请充分观察乐高积木的造型特点，并将其制成一款创意配饰。

图11

图12

趣味首饰最大的特征是都具有吸引人的外形，这是因为人们对不具备普遍性的事物总会产生特别浓厚的兴趣。一件物品如果显现出与众不同的特征，在与周边环境的对比中，它便会成为关注焦点。皮革材料具有良好的加工性，因此能塑造出丰富多样的外形。目前，皮革材料在设计界的运用早已突破传统概念，通过色彩变化、面料二次设计、细节装饰等途径，逐渐被推向了时尚巅峰，成为现代时尚的象征。皮革舒适的手感，与人体肌肤的天然亲和力，是金属材质无法替代的。通过裁切、立体压花、镂空雕花、电脑绣花等技术，皮革很容易被加工成各种造型。另外，通过皮条之间的缠绕、编结，或者将皮革与金属配件结合，镶嵌或缝坠珠宝，也能为之塑造出丰富的装饰效果。在皮革加工改造的限制因素方面，其实并没有太多技术手段的障碍。来自英国伦敦艺术大学的学生Catalina Albertini（卡特琳娜·阿尔贝蒂尼）尝试通过皮革雕塑的方式进行首饰创作，从而改变人们对传统花卉的印象。Catalina Albertini用卷曲塑型的加工方式对皮革进行塑型，并在其表面专门刨刮出斑驳的肌理（图1～图4）。原本厚实有韧性的皮革竟在设计师的巧手之下变得如同轻薄柔软的花瓣一样。如此生动形象而造型夸张的皮革之花，着实令人称趣。

图1

图2

图3

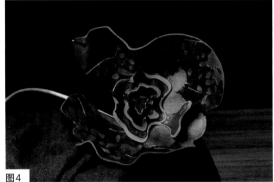

图4

Catalina Albertini设计作品

图5

图6

趣味首饰首要特点是突出的情趣与意味。英国人克莱夫·贝尔曾说："在各个不同的作品中，线条、色彩以某种特殊方式组成某种形式或形式间的关系，激起我们的审美感情。这种线、色的关系组合，这些审美的感人的形式，我称其为有意味的形式。'有意味的形式'就是一切视觉艺术的共同性质。"设计师通过泡水、火烤等方式将皮革进行软化处理，接着再用烙烫工艺使之形成具有起伏线条感的花瓣褶皱。经过层层叠叠的堆砌，最终制成形态逼真、充满生命力的花朵胸针（图5、图6）。当佩戴者戴上这枚胸针时，个中情趣和意味尽在不言中。

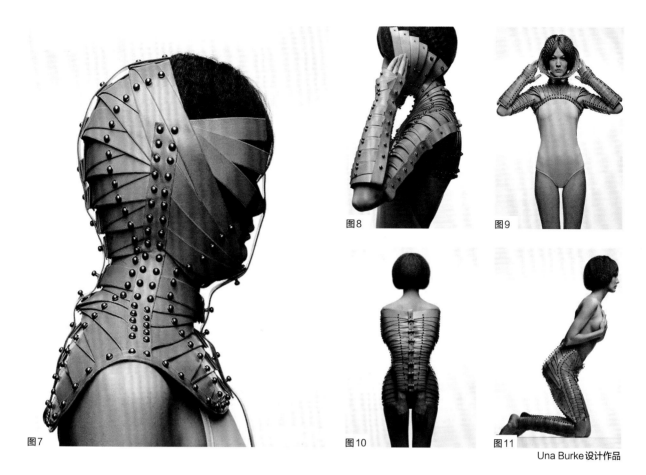

图7

图8

图9

图10

图11

Una Burke 设计作品

现代趣味配饰讲究功能性，同时也追求审美性。设计师们想要创作出与众不同的作品，必须不断探索新的材质、新的表现手法和新的组合方式，从而突破传统、带来新的变革。皮革配饰的设计可充分利用不同厚度与大小的皮革，通过黏合、缝制、钉镶等多种手法拼接和叠加，改变单一皮革材料的平面感。同时在裁切皮革时可巧妙利用斜刀的倾斜角度，丰富边缘线的转折变化，于细节之处体现设计的精致。配饰设计师 Una Burke（乌娜·布瑞克）向来以特立独行著称，她不喜欢自己的作品被归类为传统类别，因此始终致力于挑战自我，开发新奇独特的首饰作品。她创作出一组重在展现人体的皮革配饰系列。在该作品中，她采用硬朗的原色优质植鞣皮革和塑型技巧来凸显柔美的人体曲线。通过裁割、打磨和封边等工艺，将植鞣皮革制成带条，接着根据所需造型进行拼接，并用金属铆钉来固定和装饰，制成可供颈部、肩部、腿部及手臂部分独立穿着的护甲配饰（图7~图11）。由皮带条的拼接制成的造型拥有明显的层次和别致的肌理，令人不由得想起古代士兵所穿着的盔甲。这些作品，一方面让观者感受到人体被装饰物紧紧束缚住的压抑感、窒息感；另一方面又让人不得不惊叹设计师的巧思。

思考与行动：

看到这款包，相信很多喜欢音乐和艺术的朋友都能会心一笑。这是一款专门为音乐爱好者所设计的包袋。设计师仿照吉他乐器的造型，用质地优良的真皮皮革将其制出（图12、图13）。皮革的光泽和肌理营造出复古高档的格调，另外，这款包袋还内置微型音响，支持外放音乐的功能。背上这款包袋就仿佛背上一把真正的吉他，随时随地能为人们带来美妙的音乐旋律。

请以皮革作为创作材料，设计一款创意配饰，要求使用多种材料的组合，并充分发挥皮革材质的特性。

图12

图13

颖的造型、别出心裁的材质运用和非常规制作的技术手段，突破人们的惯有认知，令人产生奇妙、惊讶的情绪反应，由此体现出作品的趣味性。如图1~图4所示，吐舌头的嘴巴竟然是高跟鞋的开口，匍匐于地上的小狗意外地构成了高跟鞋的鞋身、剥开皮的香蕉被制成卷曲的高跟鞋、富有装饰性的蓝色章鱼成了可穿着的高跟鞋……设计师们运用发散思维和联想思维对高跟鞋的造型进行颠覆性地创意设计。通过将生活中所见的造型移植到高跟鞋的设计中，从造型上突破人们对高跟鞋原有的认知，给人带来耳目一新的感觉。

"趣味"一词是指人对物的审美知觉。审美趣味即一个人审美感知的外在形式。审美趣味的判断不是以理性为基础的，而是一种主观性的、含有情感因素的表现。由于思想观念和生活经历的不同，同一事物可以引发人们不同的情感反应，因此人的审美趣味具有相对性和差异性。优秀趣味设计离不开对创意思维的运用。趣味设计通常在创意思维的引领下，以新

图1

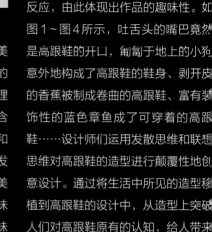

图2

图3

图4

造型上使用夸张的设计手法，往往能创造令人眼前一亮的设计作品。夸张，即对事物的形象、特征、作用等方面使用夸大或缩小的方式，由此有效提升设计的冲击力、吸引力、戏剧性和趣味性。设计师以芭蕾舞鞋和足尖站立的舞蹈姿势为设计灵感，设计出一双"异形高跟鞋"（图5、图6）。粉嫩的色调和飘逸的缎带营造了浪漫唯美的风格基调，但鞋身被夸张地拉长两倍左右，并且整体造型特意塑造成垂直竖立状，仿佛穿着舞鞋正在做踮脚动作的舞者。这款设计作品以夸张的设计手法突破了人们常规认知中的高跟鞋造型，给人留下深刻的印象。

图5　　图6

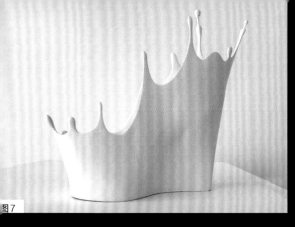

图7

图8

图9

图10

图11

Sebastian Errazuriz 设计作品

在首饰作品的创作过程中，设计者经常会将抽象的设计理念通过具体的产品造型设计来表达。他们或是在设计中引入新颖奇特的元素来突破传统风格，或是选用能引发人联想的形象符号进行造型，并在此基础上搭配适宜的色彩，从而提升产品的趣味性、满足现代消费者不同的审美需求。来自美国纽约的艺术家Sebastian Errazuriz（塞巴斯蒂安·埃拉苏里斯）被艺术圈视为创意鬼才。他的设计作品总能令人目瞪口呆或者惊叹不已。在其著名的作品《十二双高跟鞋》中，他以其十二位前女友的不同个性为创作灵感，以最能象征女性的高跟鞋为设计对象，创造出十二双造型各异的高跟鞋（图7~图11）。每双鞋都有它们自己的名字和故事。例如，有一位前任感性而爱哭，Sebastian Errazuriz 因此将哭泣的泪水与泼洒的牛奶联想在一起，并将其可视化地制成高跟鞋的外表，整体造型十分具有雕塑感；就职于电台的前任，是位漂亮的女记者，但个性十分拜金，设计师因此将高跟鞋设计成金黄色的外观，令人联想起金钱和财富，并以艰辛负重的男子形象制成跟，象征自己在这段感情迫于金钱的压力而不堪重负……在Sebastian Errazuriz 的作品中，抽象的人性被艺术的手段具象地表现出来，高跟鞋不再仅仅是配饰，更是叙说故事的主体。他用想象力作为钥匙开启了一扇充满趣味性的创作之门，向世人讲述着一个又一个关于两性情感的哲理故事。

思考与行动：

人们往往容易被各种各样的惯性思维所左右，比如没有翅膀的东西不能飞，是鞋就要有鞋底。但来自英国伦敦的建筑师兼女鞋设计师Julian Hakes 朱利安·哈克斯却喜欢挑战常规、不断突破。她以飘逸的丝带为灵感，设计了一款没有鞋底的高跟鞋。该款鞋整体造型仅仅由一条颇具动感的"丝带"构成。Julian还以一款鸡尾酒的名字作为这款鞋的名字——Mojito《莫吉托》），由此体现逸动、甜蜜的设计内涵，可谓趣味十足（图12）。

请尝试打破常规，将传统的高跟鞋造型进行创意改造，最后设计出一款创意高跟鞋，并给作品取一个具有趣味性的名称。

图12

第三节
有趣抑或无趣 | # 面具的诱惑

趣味首饰通常具有夸张、个性化的外观。设计师在创作过程中，会利用材质的可塑性营造夸张的视觉造型，并利用具有设计感的结构、活泼鲜艳的配色，来吸引人们的注意、引发人们的情感共鸣。例如，为了庆祝巴塞罗那格勒克艺术节，总部位于伦敦的Lobulo（罗布洛）工作室设计了一系列诱惑力十足的纸面具（图1~图5）。每款面具都独具特色，

比如其中一个面具像拥有四只眼睛的"怪兽"做出吃惊的表情，还有由无数颗水滴造型组成的盔甲。丰富斑斓的配饰，以及面具上生动意趣的表情，使得该组面具具有强烈的视觉冲击力，引发人们无尽的惊叹和幻想。该工作室以"新物种"为主题，希望能制作出让人们感受到趣味和欢乐的作品。

图1

图2

图3

图4

图5

图6

图7

艺术家James Merry（詹姆斯·梅里）是冰岛创作歌手Bjork（比约克）的御用设计师，他所设计的面具肌理丰富，造型奇特，并全部由纯手工制作而成。James Merry表示创作是个需要不断尝试的过程。他自己所使用的制作材料和工艺一直在创新，主要用不同色彩的绣线结合刺绣工艺来做面具装饰，并尝试添加各种珠饰或珍珠细节，使之更加柔美而充满女人味（图6、图7）。James还尝试运用半透明的塑料制作立体刺绣，给人带来耳目一新的设计感。

图8

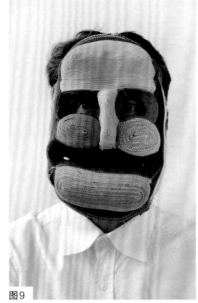

图9

图10

做好趣味性配饰设计的关键，首先是对于材料的使用与把握。每种材料都有各自的特性，它们不单是设计创意的灵感之源，同时也是实现设计创意的物质基础。来自荷兰的设计师Bertjan Pot（博坦·波特）原想将绳子拼接成地毯，却在制作过程中意外地发现，多个扭曲绳段的组装，仿佛一张具有表情的面部轮廓。随即Bertjan Pot便放弃制作地毯，转而将这些变形的绳子制成了面具。在设计过程中，设计师尽可能地保留了创作的偶然性并融合了民俗特色来完善设计。通过绳子扭曲变形的造

图11

图12

Bertjan Pot设计作品

型，结合明亮而鲜艳的色彩搭配，使得这些面具给人童趣、幽默之感。每一款面具都仿佛在向人们传递着不同的情绪（图8~图12）。

思考与行动：

日本手工面具大师Shin Murayama（村山伸）擅长解构设计。他利用鞋袜等常见的服饰作为创造材料，根据鞋袜面料的可塑性，对其进行结构分解，最终设计出富有幽默感的面具外形：露齿的鞋子面具，穿环的牛鼻面具等（图13~图15）。将这些独特面具戴在头上既显得夸张怪诞，同时又趣味十足。

请尝试将生活中常见的面料进行解构，并用其设计一款创意面具。

图13

图14

图15

情人眼的秘密

乔治王朝（1714~1837年）时期，英国王室中曾流行过一种名为"情人眼"的首饰（图1~图6）。坠入爱河的人将自己眼睛的缩影画在首饰中间，当作爱情信物送给心爱的人。仅有一只眼睛画像的首饰，美丽又神秘。除了可以佩戴以外，更是情人间秘密联系的暗号。只有赠予者和佩戴者才知晓彼此的身份和情意。据传说，这种浪漫又隐秘的爱情表达源自1785年一段不被英国王室认可的爱情。当时的威尔士亲王，即后来的乔治四世，爱上了一位美丽的寡妇，于是便让著名的画家科斯维画一幅自己的微型肖像画送给她。莎士比亚曾说过："女人是用耳朵恋爱的，而男人如果会产生爱情的话，却是用眼睛来恋爱。"科斯维以此为灵感，将威尔士亲王的眼睛画成微型画。威尔士亲王于是将这款"情人眼"首饰作为彼此感情的见证，并坚持与该位寡妇成了婚。他的勇气和对真爱的坚持，虽没有得到王室和宗教的认可，却受到民众的追捧。他们的定情之物——"情人眼"，被视为托物言情的经典首饰，并在之后的几十年间深受英、法、沙和美等国的贵族及富裕家庭所喜爱和追捧。

图1

图2

图3

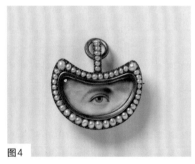

图4

图5

图6

图7

图8

趣味配饰的设计，重视情感在其中的表达，并强调首饰与佩戴者的交互关系。通过引入情感因素，增加饰品的形式美，并能由作品引发佩戴者对作品的情感波动。当某一件首饰比较符合自己的喜好、心情、回忆或者某种观念时，那这件首饰就仿佛一个能将内心情感转化为可视物质的媒介，能引起人们的情感共鸣，使得趣味性首饰不单纯是对美的追求，而是将文化内涵与装饰功能联系在了一起。意大利设计师Barbara Paganin（芭芭拉·帕格宁）将老照片封嵌在胸针首饰上，仿佛把不同的个体与记忆联结起来，形成美妙的碰撞，由此赋予了首饰配件情感纪念价值（图7、图8）。

图9

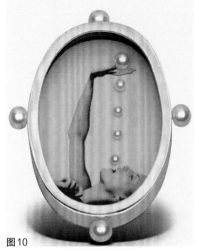
图10

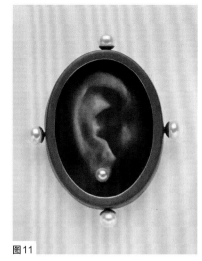
图11

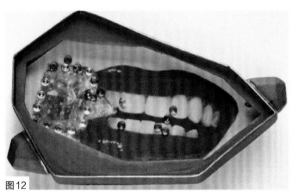
图12

图13

Mary Hallam Pearse 设计作品

在没有照片的时代，流行给爱人送自己的微型肖像画作定情之物。这些微型肖像画尺寸通常在3~4cm，最大不超过16cm，装裱造型呈椭圆或圆形，便于揣在怀里或做成项坠挂在心头。"情人眼"首饰便是在微型肖像画的基础上，选择突出肖像局部特征——只表达人的眼睛，并用珍珠、宝石或其他金属以围镶的方式装

饰边框一圈，最后制作成胸针、吊坠、手链或戒指。随着时代技术的进步，人们不仅能使用摄影技术拍摄照片，还能打印出成千上万张照片。来自美国的现代首饰设计师Mary Hallam Pearse（玛丽·哈兰·皮尔斯）灵机一动，将现代技术与"情人眼"首饰相结合。她把珠宝和人体局部的图片一起印在薄金属片上，再

点缀上真的钻石、水晶和珍珠，使整件作品看起来既有"情人眼"首饰的影子，又融入了现代的创作形式（图9~图13）。金属片本身，被温柔地鼓励去叙述它所承载的图片背后的心意，成为佩戴者的情感容器。设计师表示，当她沉浸在这种形式的首饰创作活动中时，她始终觉得有种文化的美感和价值在丰盈着自己的作品。

思考与行动：

被誉为"朋克之母"的英国著名时尚设计师Vivienne Westwood（薇薇恩·韦斯特伍德）以"情人眼"首饰为设计灵感，在情人节这一天为消费者带来一款两件套珠宝。传统的铜制心形用珐琅印刻出美丽的人眼，象征知性与心灵的智慧。装饰上则采用Vivienne Westwood经典的朋克风格和"情人眼"首饰珍珠围镶的装饰工艺，巧妙地体现了传统与现代的巧妙融合（图14）。

请以"情人眼"首饰的造型装饰特点为灵感，运用现代设计方法创作一款趣味首饰。

图14

第四节 跨界想象 | 1+1 ＞ 2

图1

图2

图3

图4

图5

想要做出有创意的设计，跨界思维必不可少。跨界思维作为一种创意指导思想，引导着设计师突破原先僵化的思维模式，寻求不同领域之间的交叉点，使不同领域的设计元素碰撞融合，最终产生奇妙创意。"创造"和"超越"是打开跨界思维必不可少的两个要素。

跨界思维不仅可以改变、拓宽设计师的思路，还能改变其在单一专业领域中的纵向思维方式。在当代文化多元化与学科交叉融合的时代背景下，人们的生活方式、工作方式、社交模式乃至人生态度都发生了重大转变。人们对产品的需求不再满足于吃饱穿暖等基本功能，而有了个性化、多功能化、趣味化、内涵化、情感化等诸多方面的需求。所以艺术、时尚和生活不该故步自封，而应该融入现在的大环境中，只有不同领域间的相互融合才能激发出设计师更加丰富的艺术灵感，创造出"一加一大于二"的创新产品，为配饰设计注入新鲜活力（图1～图5）。

目前跨界融合的理念已渗透到各个行业，大到全球各大企业，小到个人，都在通过自己的方式演绎着不同的跨界故事。只要打开思维，打破原先单一局限的创作模式，就能产生源源不断的设计动力。

图6

随着时代与科技的发展，设计专业分类越来越细致，导致多种专业领域知识变得越来越复杂，每一个专业看起来都和其他专业领域存在间隙。如何利用跨界思维填补不同领域之间的缝隙，产生新的创意火花，是设计师们亟待思考的问题。

这套菲亚特500系列家具由F.I.A.T.（菲亚特）家族继承人Lapo Elkann（拉波·埃尔坎）与意大利沙发品牌Meritalia（玛丽泰利尔）联手打造。将菲亚特500的原有造型应用于家具设计中，基本保留原有车头造型，将其改造成不同颜色的桌子与沙发（图6）。这样一来，既利用菲亚特500的名气提升了家具产品的销量，又借助家具产品提高了菲亚特500的知名度。

跨界合作的内涵就是将两个不同领域、不同行业、不同文化、不同意识形态等范畴的事物，由一方跨越到另一方，从而产生新行业、新领域、新模式、新风格。21世纪以来，各个领域的多元碰撞已经成为不可避免的创新趋势，如漫威与三星、优衣库、奥迪等品牌跨界；摩拜单车与QQ音乐合作"音乐骑行"；腾讯公益与WABC无障碍艺途联手的"小朋友画廊"等。它们之间要么有共同的设计理念，要么有共同的使

图7

图8

Vinicius Araújo 设计作品

图9

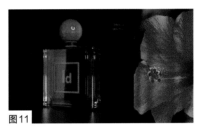

图10

图11

图12

图13

用情境，又或是有共同的消费群体。只要找到两个不同领域间的内在联系，便可各取所需，创造出超越二者本身价值的创新设计。

在巴西设计师Vinicius Araújo（维尼库斯·阿拉霍）眼里，Adobe（美国著名图形图像和排版软件生产商）公司旗下每一个软件logo（标志）的配色都能使他联想到某种水果与鲜花的清香。于是Vinicius以此为灵感，为八款Adobe常用软件设计了对应香味的概念香水（图7~图13），如蓝莓果香的Adobe Photoshop（强大图形处理软件）香水，木槿花香的Adobe Indesign（排版设计工具）香水，蜜杏清香的Adobe Illustrato（矢量图形处理软件）香水等。

思考与行动：

美国平面设计师Randy Lewis（兰迪·刘易斯）喜欢创造一些稀奇古怪的东西，他善于观察生活中一些看似无关但在某种程度上可以找到关联的事物，并用Photoshop（图像处理软件）将他们结合在一起，创造出全新的"事物"。这些作品乍一看毫无违和感，但是仔细一瞧就发现了蹊跷，海狮的身子长着狮子的头，油漆刷的细毛是时髦女郎的金色长发，叉子上诱人的香肠竟然是一只腊肠狗，两只金鱼悠闲地遨游在透明果冻中（图14）……不得不佩服Randy天马行空的创意，同时也体现出设计师对生活有着深入的观察与思考。

请思考跨界融合对设计带来的影响，并尝试从身边寻找材料，将两种看似不相关但又可以从某角度结合的物品进行拼接与改造，使其成为具有创意性与趣味性的新事物。

图14

第四节 跨界想象 | 建筑风情

图1

图2

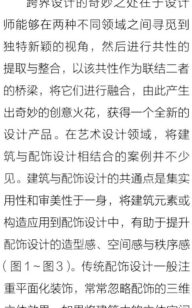

图3

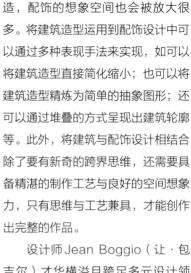

图4

Jean Boggio 设计作品

跨界设计的奇妙之处在于设计师能够在两种不同领域之间寻觅到独特新颖的视角，然后进行共性的提取与整合，以该共性作为联结二者的桥梁，将它们进行融合，由此产生出奇妙的创意火花，获得一个全新的设计产品。在艺术设计领域，将建筑与配饰设计相结合的案例并不少见。建筑与配饰设计的共通点是集实用性和审美性于一身，将建筑元素或构造应用到配饰设计中，有助于提升配饰设计的造型感、空间感与秩序感（图1~图3）。传统配饰设计一般注重平面化装饰，常常忽略配饰的三维立体效果，如果将建筑中的立体空间构成语言应用到配饰设计中，则实现了配饰装饰由二维平面到三维空间的大跨步发展。通过空间和体积感的营造，配饰的想象空间也会被放大很多。将建筑造型运用到配饰设计中可以通过多种表现手法来实现，如可以将建筑造型直接简化缩小；也可以将建筑造型精炼为简单的抽象图形；还可以通过堆叠的方式呈现出建筑轮廓等。此外，将建筑与配饰设计相结合除了要有新奇的跨界思维，还需要具备精湛的制作工艺与良好的空间想象力，只有思维与工艺兼具，才能创作出完整的作品。

设计师Jean Boggio（让·包吉尔）才华横溢且跨足多元设计领域，他曾担任卡地亚、爱马仕等品牌特聘设计师，在首饰设计方面有自己独到的视角与创作手法。他的艺术作品总能让人眼前一亮，带点荒诞幽默，又略带一丝魔幻色彩。这次，Jean又将建筑造型跨界到配饰设计，制作了一系列精致繁复的立体戒指（图4）。Jean将各个国家具有代表性的建筑微缩到首饰设计中，基本不改变其原有的造型与比例，并配以各色宝石、玉石丰富其视觉效果，采用镂空、雕刻等手法细致刻画出建筑表面肌理，仿佛真的建筑一般。跨界设计最大的特点就在于巧用合适的表现手法进行创作，以发挥更大效用，创造更多价值。

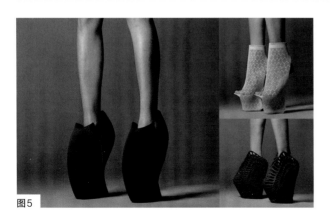

图5

建筑结构也可以被用来体现跨界理念，通过建筑空间构造可以为配饰设计增添立体感。伊拉克裔英国女建筑师Zaha Hadid（扎哈·哈迪德）曾为荷兰创意鞋履品牌设计过一组充满建筑美感与未来感的前卫鞋子。Zaha凭借多年来对建筑的感知与实践，大胆运用建筑构造原理，借助不同线条的重复组合，营造出极强的空间感，反映出都市建筑高耸繁复的特质（图5）。这些鞋子并不具有实穿性，只是设计师跨界创意与创新的产物。繁密的建筑结构将双脚紧紧包围着，鞋跟也设计得非常高，巧妙地体现出建筑高耸林立之感。

图6

图7

图8

图9

图10

Goldsmith Ola Shekhtman 设计作品

跨界设计的核心内容是消除不同领域之间的原有界限，找到交叉点加以糅合，从而创造出新的产品。同时，要从多元化的视角去探寻不同行业内部的艺术设计方法，整理归纳他们的设计思路，发现其中的契合点与创新点，从而跳脱原先的老旧视角，实现从思维上的跨界创意到实际操作上的创新。

来自美国的设计师 Goldsmith Ola Shekhtman（戈德史密斯·奥拉·舍克特曼）喜欢到处游历，几乎每年都会前往各地旅行，每到一个城市她都会以当地标志性的城市天际线为素材设计一件专属戒指（图6~图10）。由于天际线是建筑群而不是单一建筑，所以 Goldsmith 选用平面雕刻的方法勾勒、刻画出建筑群的剪影，将其围绕成戒圈，并加入一些镂空设计，使戒指更有呼吸感，将建筑造型平面化的转换手法更加适用于平常穿戴，客户的接受度也更高。在材质选择上选用金属进行加工，更能体现建筑的工业感与庄重感。如此通过跨界想象所设计出来的戒指，使世界建筑之美跃然指上，并将旅行的美好记忆留存于戒指之中，可谓独具匠心。

思考与行动：

Zaha Hadid（扎哈·哈迪德）与丹麦珠宝品牌 *Georg Jensen*（乔治·杰森）联手打造了一组跨界经典之作 *Lamellae*（《薄片》）手镯。Zaha 依靠优美流畅的外观形态与个体间错落起伏的韵律感来营造首饰中的建筑之美。将一些金属薄片有序组合打造出丰富的建筑外观层次感，再利用金属片微微凸起的弧度和圆形小钻石模拟出在阳光照射下建筑表面所产生的光影效果（图11）。

请查阅相关资料，再找出三个建筑设计与配饰设计结合的案例，尝试从设计理念、外观造型、材质与工艺等角度进行分析，撰写一篇不少于1500字的分析报告，要求图文并茂。

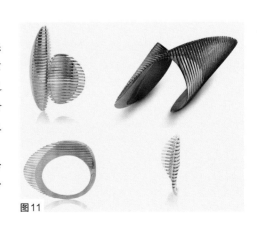

图11

第四节 | "画"说
跨界想象

不知从何时起，关于艺术与配饰设计的探讨，已成为时下设计界备受关注的话题之一。绘画作为艺术领域中的一个分支，是特定历史时代、特定环境条件下的产物，永远不可能被取代、重复和超越，它们承载了当时的社会人文与自然环境等信息。文化是指一个国家或民族的历史、地理、风土人情、传统习俗、生活方式、文学艺术、价值观念等诸多方面的合集。此外，通过解读画作还能了解画家自身对人、自然和身处时代的独特认识以及自身特有的情感、意识和体验。将历史名画与现代配饰设计相结合，既拓展了著名艺术大师画作的知名度与广度，又有效提升了现代配饰设计的文化内涵。

时尚手表品牌Swatch（斯沃琪）把跨界玩得风生水起，这次与Rijksmuseum（荷兰国立博物馆）进行跨界合作，将艺术史上的经典画作与当下年轻人喜爱的流行趋势相结合，更加具有趣味性与时尚感（图1、图2）。其中"女神美拍"款来自荷兰画家的作品 The Fall of Man（《人类的堕落》），设计师保留夏娃的原始动作，为其添加了衣物并在其手中放置了一部现代手机，仿佛正在自拍，很符合当下年轻女性喜欢自拍的爱美趋势。"路易十四"款则以罗浮宫名作 Portrait of Louis XIV（《路易十四的肖像》）为灵感，表盘上的国王竟然戴上了墨镜与潮帽，叼着香烟，带着大金链子，俨然一幅现代潮男装扮。

图1

图2

Swatch品牌作品

图3

跨界设计不是将两种不同的艺术形式强行联系在一起，而是要考虑两者之间是否相配、是否和谐，是否在某些方面有共同点（图3）。如果只是一味地拼凑与嫁接，则无法给受众带来长久审美体验，只能是昙花一现。

跨界思维只是进行创新设计的一种方法或手段，而不是目的。如果盲目跟随跨界热度，为跨界而跨界，做出来的设计作品只会是杂乱又单薄的，没有设计内涵与灵魂。对于每个设计师而言，对多个艺术领域知识的了解、吸收和沉淀是一个漫长的过程。在平时生活中要多动脑、多思考，这是一个需要不断养成的良好习惯。

美国著名波普艺术家Jeff Koons（杰夫·昆斯）将卢浮宫博物馆珍藏的一些名画与Louis Vuitton（路易威登）经典包袋款式相结合，进行了一系列跨界包袋设计。这个跨界系列设计的重点在于让受众重新认识这些大师，并通过包袋向人们讲述从文艺复兴开始近五六百年来的西方绘画艺术故事。Jeff在获得卢浮宫博物馆的特殊关照拿到这些名画的高分辨率图像后，首先根据包袋外观形状选择适合的画作，调整其大小及比例，选取精彩完整的画作局部转印在皮革上。包袋的提手、背带、包边条、装饰挂件等均选用与名画色调接近的明亮色彩，使整体效果看起来整齐统一（图4~图8）。这系列作品中有达·芬奇的《蒙娜丽莎》、莫奈的《睡莲》、马奈的《草地上的午餐》，还有高更的《乐园》等。是不是还有些画作看着很熟悉但是却叫不上来名字呢？没关系，每个包袋外面都装饰有用金属字母拼成的大师名字，在包袋内置手机兜上也以烫金形式记录着名画信息及大师的生平简介与肖像，以便使用者更好地了解所背包袋的历史文化。

Jeff Koons完美地将包袋设计、绘画作品、艺术家三者进行跨界融合，从新的视觉感受与文化传承角度邀请人们重新审视这些经典名作。

图4

图5

图6

图7

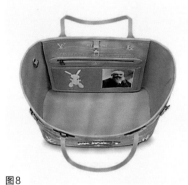

图8

Jeff Koons设计作品

思考与行动：

在设计师们将名画与配饰设计相融合时，既可以将名画基本按照原样运用到配饰设计中，还可以将原画中的物体、配色、风格等提取出来，加以修饰与丰富，并运用不同表现手法及材质重新组合形成新的设计作品。超现实主义画家Salvador Dalí（萨尔瓦多·达利）以他本人的油画作品《记忆的永恒》为原型设计了一款胸针（图9），用金属及钻石等材质呈现出与画作中的钟表完全不同的质感与风情。

请任选一幅名画，研究其历史背景及文化内涵，尝试构思如何将其与配饰设计相结合，并撰写不少于1000字的设计构思说明。

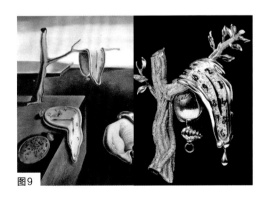

图9

第四节 跨界想象 | 纸短情长

随着现代消费者追逐个性化的时尚潮流观念，加之传统的贵金属、宝石、玉石、翡翠等材料已经应用了上百年，消费者对传统配饰材料有些审美疲劳。而此时，非传统配饰材料以及配饰材料创新组合方式的运用给配饰设计者带来了无限的可能性，同时也为佩戴者带来了崭新的审美与佩戴体验（表1）。纸张是非传统材料中运用较多的材质之一，因其具有较强的造型性、易上色、

操作简单等特点，受到许多设计师的青睐。来自俄罗斯的Asya Kozina（阿斯亚·科日纳）和Dmitriy Kozin（德米特里·科津）两位艺术家，专注于探索当代纸雕的更多可能性。他们将二维纸张经切割、卷曲与镂空等工艺打造出三维立体效果，再配以精雕细琢的花朵、树叶、羽毛、船只等元素，构成复杂又奇幻的头饰及身体纸雕作品（图1～图5）。

图1

图2

图3

图4

图5

Asya Kozina和Dmitriy Kozin设计作品

表1 传统首饰与跨界首饰的区别

	设计理念与功能	材料	工艺技术
传统首饰	传统首饰的设计理念比较符合当时所处的社会环境，如古典主义、自然主义、仿生物、几何化等	金属、钻石、珍珠、珐琅、象牙、玉石、翡翠等	金属工艺、珐琅工艺、花丝镶嵌工艺、玉雕工艺、钻石镶嵌工艺等
跨界首饰	现代首饰的设计主题更偏向于表达人们的思想。通过首饰与多种艺术形式的跨界合作，使首饰外在造型与内在结构空间有了全新变革，进而促使首饰设计材料多样化、工艺创新化与功能多元化	塑料、有机玻璃、皮革、橡胶、纤维织物、石膏、钛金属、大漆、纸、鲜花、绳、铁等	3D打印、激光雕刻、动力学技术、高科技芯片植入首饰等

图6

图7

图8

思想是设计的灵魂，而材料是思想的载体。一件设计作品的思想内涵首先通过材料传递给观者，可以说材料是设计师创意思维体现的工具。因此材料的运用在配饰设计中起着举足轻重的作用，只要找到合适的加工方法，生活中任意材质都可以拿来运用到配饰设计中。

在创意思维过程中，勇于探索未知领域并且敢于对不同可能性进行尝试是十分重要的。对不熟悉的领域进行探索往往会使设计师获得更有价值的灵感，如果这些灵感得到进一步发展与实现，设计师将会获得更具创新性的成果，甚至反过来会促进设计师对传统首饰材料的重新认识，从而设计出更具创意的首饰作品，将配饰设计推向另一个高度。非传统首饰材料正好为设计师提供了一个新视角，使他们可以肆意发挥，不再受传统材料的限制。

图9

来自日本冲绳的设计师ちひろ（古堅）对金属材质过敏，在平日挑选配饰时感到十分困扰，于是投身Paper Jewelry（纸雕项链）事业，以纸为材质制作出一系列既美丽又精致的纤细项链（图6～图10）。她的项链都是用一种特殊的合成皮革纸雕刻而成，硬度较大且不怕水，纸雕项链平时存放在A4纸上，佩戴时从纸上拿出项链即可，非常方便。每一款项链线条都十分细致，非常符合女性的柔美气质，并且纸雕项链的切割面都经过特殊处理，以防割伤肌肤。

图10

ちひろ设计作品

思考与行动：

在配饰设计的发展进程中，材料的跨界赋予了现代配饰设计新的魅力，同时也对配饰领域的创新起着推动作用。不同材料的特性、肌理及颜色直接影响着配饰设计理念及设计师情感的表达。设计师们利用纸张硬度小、易折叠、吸水性强等特点，结合不同工艺技法，造成视觉上的韵律变化与层次美感，创作出许多新颖独特的配饰作品（图11）。

请以纸张为材质，利用其不同于传统首饰材质的特点，构思并制作一款配饰设计。

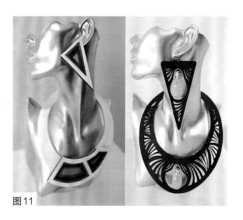
图11

第四节
跨界想象 | 会动的珠宝

Charlie Thomas Munger（查理·芒格）将跨界思维比喻成"锤子"，将需要解决的问题比作"钉子"，他认为对于一个拿着"锤子"的人来说，所有的难题看起来就像一个"钉子"，这也生动形象地阐述了跨界思维的价值是来解决之前解决不了的难题。当配饰与动态装置跨界结合，就突破、解决了首饰只能呈现三维空间效果的问题，巧妙地在配饰设计中增加了第四个维度——时间。平时看新闻刷微博的时候，相同内容的图片，是不是动态图更有吸引力呢？同样地，会动的首饰当然更加引人注目。

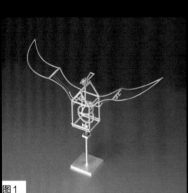

图1

从平面到立体，从静止到动态，配饰设计领域也有这么一些跨界设计，将配饰与机械原理或动力学相结合，让配饰也可以"跳起舞"。动态机械装置配饰的魔力在于当它不动的时候是一件普通的装饰摆件，毫无吸引力，但当它在指间翩翩起舞的时候，怎能不心动呢？珠宝设计师Dukno Yoon（杜克诺·尹氏）在美国迈阿密大学学习首饰金属加工工艺，他对金属首饰有着浓厚的兴趣。Dukno打破传统思维模式，将机械运动原理运用到当代配饰设计中。他的这个系列配饰作品体现的是"飞翔与自由"，通过手指关节的弯曲，就可以让戒指上的装置"张开双翼"，模仿鸟类翱翔时的姿态；或通过抬高手腕这一动作启动装置，使整个金属配饰仿佛腾飞的鸟儿一样挥舞着翅膀（图1~图3）。此外，还有几款配饰加入羽毛材质，减少了金属的冰冷感与机械的工业感，给人更加亲切温和的感觉（图4、图5）。Dukno巧妙运用跨界思维，创作出的每一件饰品都是一个艺术作品，拥有着超脱现实的艺术感和趣味性，同时又与佩戴者交流互动。这样的创意配饰既符合消费者追求个性的眼光，同时也体现了设计师对动态装置工程的研究价值与成果。

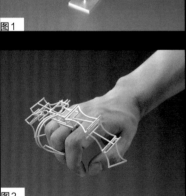

图2

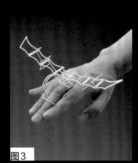

图3

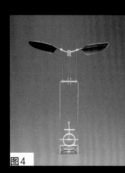

图4

图5

Dukno Yoon设计作品

图6

Tremble set（颤抖固定）是18世纪一种特殊珠宝制作工艺，这种珠宝制作工艺常见于以鲜花、蝴蝶等元素为主的欧洲古董珠宝设计中，作用是增添其造型的生动性。它的制作原理是在花朵或蝴蝶翅膀衔接处安装一个微小的弹簧装置，这样在使用者佩戴时，钻石珠宝便会随着佩戴者动作的变化而摇曳生姿，栩栩如生（图6）。

跨界思维作为一种创新性的实验理论，是跳脱传统设计理论独立存在的，目前并没有具体的方法论作为实践操作的依据，还处于摸索阶段，不同设计师对于跨界思维都有不同的解读。破除旧的僵化思维界限，从而建立一个多视角、化交叉的创新方法，才是进行创意设计的重要法宝。

Friedrich Becker（弗里德里希·贝克尔）航空工程师的经历给予了他独特的视角来审视首饰艺术，于是他将工程学中的机械构造与首饰设计相结合，创作出了一系列动力学首饰（图7）。他所设计的首饰可以随着时间的流逝产生不同的运动变化轨迹，是不是觉得很不可思议呢？

Becker 定义他的动力首饰为：一件利用中心、偏心轴和重力的，可在横轴和纵轴上自由旋转的，并且带有冲击性的白金球的首饰。随着佩戴者身体移动，动力学效应也会随之增加，这样就会使首饰上的装置产生不同的运动轨迹。在设计实践中，Becker以齿轮和杠杆为骨，以金属与宝石为血肉，赋予每一件首饰不同的运动美感。他将"轴承"原理巧妙应用在首饰设计中，增强了佩戴者与首饰的互动性及趣味性。这样的创新设计使首饰不再只具有实用与美观功能，而提升到艺术品的境界。Becker也是在不断实验与尝试中摸索规律并实现创新，起初Becker只做了一个单转轮的白金材料的作品（图8~图11），后来他又尝试加入不同数量、尺寸和类型的"动力轮"，并融入"色彩动力学"（colour kinetics）的元素，将一些彩色宝石融入作品之中，丰富作品视觉效果。

科学与首饰设计之间的关联越来越紧密，设计师们通过科学技术及物理学原理挖掘首饰的内在动力与外在表现力。随着时代的进步，在珠宝领域一定会产生更多新奇的创意，因此，如何将科学技术与首饰更好地跨界结合在一起且相互推动发展是值得思考的问题。

图7

图8

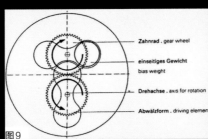

图9

图10

图11

思考与行动：

运用不同的物理原理及技术手段可以让配饰跃然于指尖，摇曳生姿，比如利用机械原理，在佩戴者身体部位弯曲时牵动配饰使其产生变化；也可以运用动力学原理使配饰自身会依据重力改变而产生变化；又或是通过特殊工艺使配饰保持颤动或滚动等。德国设计师 Michael Berger（迈克尔·伯杰）师从 Friedrich Becker（弗里德里希·贝克尔），在导师的指导下，Michael 完成了从珠宝学徒到可动首饰设计师的蜕变，形成了自己独特的设计风格（图12）。他的配饰作品自然与导师有许多相似之处，但在精巧之外还多了一丝趣味性。

请以"会动的珠宝"为主题，思考还能将哪些物理原理或工艺方法与配饰设计相结合，使配饰可以实现四维空间运转，并以此为主题撰写一篇不少于1500字的论文。

图12

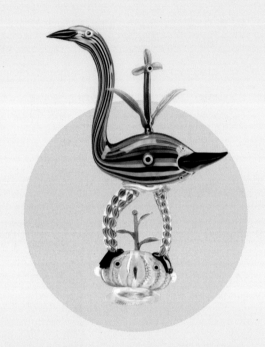

第二章
材质与媒介

第一节
金玉奇缘 | 属你有型

当设计师们初具创意思维，在脑海中形成设计构思后，下一步就是考虑选择何种材质进行操作，如何借助材质之手赋予作品造型感、肌理感、色彩感等。材质是珠宝首饰作品的载体，不同材质通过本身特殊性能及不同制作工艺进而对作品外观产生影响，除此之外还影响着作品所呈现的风格和设计语境等。所以，材质的选择应该以表现材质潜力为依据，而非某种材质本身的价值。不同材质给人的直观感受不同（图1~图4），如金属材质具有较好的延展性与坚硬的外表，给人冷峻高贵的感觉；陶瓷材质不吸水、硬度高、装饰性强，给人时尚素净之感；纤维材质首饰摸起来柔软舒适，可塑性较强；而玻璃材质晶莹剔透，给人纯洁透亮之感。

金属材质可以说是珠宝首饰设计中最基础、最常见的材质之一。从数量上来说，绝大多数珠宝首饰作品都不可避免地会运用到金属材质，有些作品完全以金属制成，有些则以金属为架构，还有些是把金属作为辅料运用。对于配饰设计领域而言，金属是一种有光泽、不透光，具有良好的延展性、导电性、传热性等独特性质的常用材质。不同金属有其鲜明的性格特征，如黄金耀眼绚丽、白银内敛优雅、钢材质冷峻刚毅、铜材质沧桑古朴等。金工艺术家们通过与不同金属材质进行对话，领略其自身的气质与表现力，从而因材施艺做出具有创新性的绝美佳作。

图1

图2

图3

图4

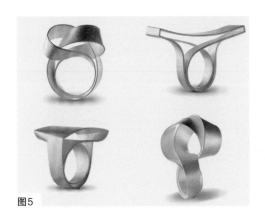

图5

金属材质艺术特性有以下三点：（1）不同金属材质能够呈现出不同色泽；（2）金属材质经过抛光打磨后会产生很强的镜面效果，具有反光、反射的特性；（3）金属材质经化学腐蚀或在不同温度下发生物理变化，进而呈现出金属材质独有的特殊纹理。

Kazuko Nishibayashi（西村和子）创造的首饰具有明显的三维立体感。她的作品看起来十分简洁，但制作起来却非常复杂，要将金属材质经折叠、弯曲、打圈、扭转、交叉等，从而形成不同的创意造型（图5）。对于西村和子来说，形式上的立体空间感与身体上的佩戴舒适性同样重要。她的首饰作品展示了和谐的缝隙空间与具体形状，体现了当代首饰艺术性与实用性的平衡。

好的设计作品不在于材质多么贵重，而在于材质与设计理念的结合是否贴切，材质是否能够为作品提供更好的造型与艺术美感。金属材质可以通过不同的造型方法为首饰设计服务，如在金属材质上进行镂空雕刻、金属丝的编织与缠绕、金属的氧化与打磨等。

英国金匠艺术家Kevin Coates（凯文·科茨）专注于研究金属与宝石的结合，是英国公认的最杰出的金匠艺术家，以卓越的技术和作品的象征性而闻名。除设计师身份之外，他还是一位有着丰富演出经验的音乐家，这让他的作品更加富有艺术性与想象力。他专注于首饰的精神表达，并从音乐、戏剧、绘画、文学和数学中汲取灵感，作品形象复杂而丰富多彩，既不现代，也不完全传统，与抽象、简单、朴素的同时代作品形成了鲜明对比。他以各种天然玉石、

欧泊、贝壳等材料辅以金工进行创作。Kevin 根据玉石原有形状及颜色构思如何将其巧制成精美的艺术品，于是选用延展性较好的金属丰富其造型，制作出一系列神秘有趣的配饰（图6～图10）。在这一系列中，有的将金属制成一个蒙眼男子形象，其嘴唇紧紧包裹着一块圆形欧泊宝石；有的是一颗挥舞着翅膀的心形宝石，俏皮又可爱；还有一块深蓝色宝石被雕刻成微闭双眼的王后形象，Kevin 在其周边用金属为其配以蝙蝠形头饰，神秘又具有神圣感……经过金属的加工与造型，每块宝石都被赋予了不同的故事。

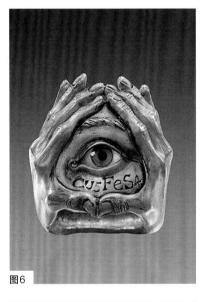

图6

图7

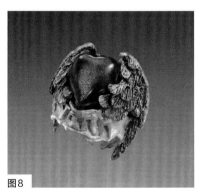

图8

图9

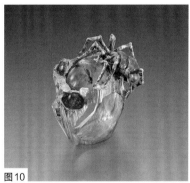

图10

Kevin Coates 设计作品

思考与行动：

金属材质可以依据设计师的不同需求转换角色，既可以坚毅刚硬也可以温柔似水，可以光滑动人也可以粗糙富有肌理感。来自英国的Sarah Warsop（莎拉·瓦索普）既是舞蹈编导、舞蹈艺术家，同时还是珠宝设计师，曾于中央圣马丁艺术与设计学院获得珠宝设计硕士学位。Sarah把珠宝创作与自己丰富的舞蹈表演经验交融，让金属材质在她的手中翩然起舞，呈现出富有韵律、方向、速度的流畅动态美（图11）。

请结合金属材质的特性，制作一款具有造型感的配饰作品。

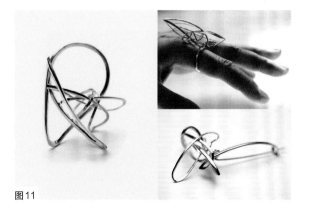

图11

按照冶金工业分类法可以将金属分为黑色金属和有色金属两大类。黑色金属指铁、铬、锰三种，除铁、铬、锰以外的全部金属都统称为有色金属（图1～图4）。其中有一种铋金属颜色变幻无穷，令人拍案叫绝。铋是一种脆性金属，一般呈白色、银粉色，若暴露在空气中，则发生锈色反应（某些矿物表面因氧化作用而形成薄膜所呈现的色彩），逐渐转为由黄到粉或由黄到蓝的炫彩颜色。自然界中，天然的铋晶体相当罕见，而彩虹色的铋晶体大多通过人工合成。通常情况下，人工合成的矿物质被认为没什么收藏价值，但彩虹色金属铋晶体却是例外，因为就算是人工合成出来的晶体，也都不尽相同，具有不可预期的美！

铋金属还因一些特殊用途被人们广泛运用于工业、医学、航空航天、核工业等领域。例如，铋的熔点范围是47～262℃，于是通常将其与铅、锡、锑等金属合成为易熔合金，用于消防装置、自动喷水器、锅炉的安全塞等处，一旦发生火灾，温度升高，位于水管口的活塞会"自动"熔化，喷出水来，及时有效地控制火苗蔓延；铋还在诸多领域中成了替代铅的首选材料，由于铅含毒性，会严重损害人体中枢神经系统，而铋和铅在性能方面极为接近且对人体无害，所以铋经常用来代替铅；还有用铋合成的一些金属化合物是目前公认最好的半导体制冷材料。

图1

图2

图3

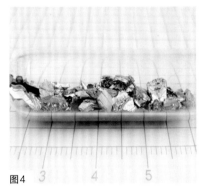

图4

图5

有色金属狭义来讲是铁、锰、铬以外的所有金属的统称，广义上来说有色金属还包括有色合金，是以一种有色金属为基体（通常大于50%）再加入一种或几种其他元素而构成的合金（图5）。

对于有色金属，根据它们的化学性质、用途及储量等又将其分为四类，重金属、轻金属、贵金属和稀有金属。密度大于4.5g/cm³的金属归为重金属，如铜、铅、锌、钴等；密度小于4.5g/cm³的金属为轻金属，如铝、镁、钠、钾、钙等；贵金属则比一般金属价格昂贵，包括金、银和铂族金属；稀有金属特点是密度较小，化学活性强，包括锂、铍、硒、碲等元素。

图6

图7

图8

设计师Sara Chyan（莎拉·钱）于皇家艺术学院取得珠宝与金属艺术硕士学位，致力于研究金属特性，她能依据每种金属不同的特性设计出相应配饰（图6~图9）。温度在Sara的创作中起重要作用，她认为温度的变化会导致所选金属的物理形态发生变化，从而导致呈现出的颜色、造型发生改变。而由温度引起的液态到固态之间的转变又赋予了金属神秘的情感特征。她常常采用简约和概念性的手法，并喜欢以物理方式呈现最终效果。此外，佩戴者如何与配饰进行互动也是她艺术形式中不可或缺的一部分。

Sara 利用铋这种不寻常的金属进行实验，首先将买来的银白色铋金属充分加热溶解，接着会形成一层薄膜，拨开薄膜就可以看到像镜子一样泛着光亮的液体；然后去除浮在上部的杂质，待温度慢慢冷却达到铋的凝固点后，铋就会自然而然地由薄膜层向下凝结为不同形态的晶体。凝结的铋晶体接触空气氧化后，就会呈现出五光十色的视觉效果。铋晶体凝结的形状取决于晶体刚接触空气时的温度，它们并不会按照固定的想法成型，而是天然随性的组合。如果想得到某种大致廓型或大小的铋晶体，需在其冷却前将其倒入相应容器中，但注意一定要提前加热该容器，以免倒入铋液体时温度骤变引起爆裂。

图9

Sara Chyan设计作品

思考与行动：

常规首饰金属色彩单一，即使电镀上色也很难达到颜色的炫彩变化，并且极易掉色和氧化。除铋以外，钛也是常见的具有光怪陆离般奇幻色彩的金属材质。钛金属在加热、氧化等作用下能够呈现出由亮蓝色到深紫色过渡的梦幻色彩，并且其质轻，体量相当的钛金属与贵金属，重量却相差数倍，所以钛金属也经常被用于配饰设计领域（图10、图11）。

请查阅资料，再列举一种常用于配饰设计的有色金属，深入探究其物理性质与化学性质，并根据其特点构思一款创意配饰设计。

图10

图11

第一节 金玉奇缘 | 金属柔情

不同质地的材料会给人带来不同感受，但是同一种材质经过不同的处理方式也会改变其本身固有特性及给人的固有印象，呈现出截然不同的质感。比如质地坚硬的金属材质，在经过镂空、编织、盘绕等工艺加工后，会变得细腻柔和，能够适应不同设计的多元需求。

意大利珠宝品牌Buccellati（布契拉提）有着极高的辨识度，其中最著名的便是蕾丝金属系列（图1~图4）。该系列运用古老的tulle（珠罗纱）工艺，一改金属材质在人们心中的刚硬冰冷印象，将其打造出轻盈柔软的质感，其灵感正是源自文艺复兴时期的蕾丝面料。在制作时，首先在片状金属表面绘制出图案轮廓，然后用袖珍钻孔机钻出蕾丝纹样的精细纹路，再用微雕技术进行至少五次的修饰；其次进行抛光、宝石挑选及镶嵌环节；同时，每件首饰的背面也需要精心雕琢，与首饰正面相映成趣；最后进行上漆及镀铑抗氧化处理即完成制作。厚重金属在经过这些步骤之后被打造得细若蚕丝，让人们很难再想起金属原有的质感。这种细腻精致的制作工艺对工匠技艺要求极高，容不得一点马虎，在整个制作过程中，哪怕有一次细微的失误都会导致前功尽弃。制作这么一件首饰可耗时不短，小件首饰平均需要4~6个月才能完成，复杂的首饰可能需要一年甚至更久。

质地坚硬的金属材质在工匠高超的技法下仿佛被施了魔法一般，呈现出奇妙的细腻织物纹理。通过材料的转变，观者能够体会到设计师在其设计中蕴藏的创意巧思与创新态度。同样，设计师们在平时也要善于挖掘不同材质可能呈现出的意想不到的肌理效果与质感，让材料替他们传递情感。

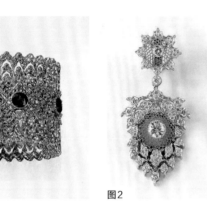

图1

图2

图3

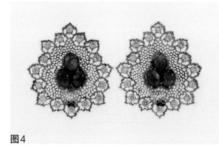

图4

Buccellati品牌作品

图5

编织是人类古老的手工艺之一，指利用韧性较好的植物纤维（如细枝、柳条、竹、灯芯草等）以手工方法编织成工艺品。最初是为了生活的便利及实用性，现在则作为一种装饰手段广泛应用于配饰设计及其他艺术领域。金属编织工艺是以金属为主材料进行纯手工编织，通过不同的编织方式增添配饰设计的时尚感与肌理感。

Gabriel Ofiesh（加布里埃尔·欧菲诗）的作品以曲线、简约的造型及光滑优雅的表面而闻名。他的作品融合了耐磨性与舒适性，精致细腻。其"编织系列"首饰作品巧妙运用穿插编织法，以打磨光滑的金银材质细条交错穿搭，使其呈现出如藤条一般的柔韧性。

Mary Lee Hu（玛丽·李·胡）是美国著名的金属工艺家，基于对对称美学和自然形态流动性的追求，她运用可塑性较强的黄金与不同规格的多种金属丝线编织、盘绕出具有辫状、网状等复杂结构的生动形态，于千丝万缕间向观者展示着金属材质柔软的一面。

当Mary第一次在克兰布鲁克艺术学院接触金属丝工作时，她便意识到可以将线性纺织品结构与她喜欢的金属相结合，将织物的柔软性用金属材质表现出来。她花了好几年的时间探索各种制作线材的手法及编织技法。起初她只制作一些小的珠宝或是动物，后来逐渐演变成更大的编织篮造型。直到1974年，Mary基本确定了自己的一套缠绕手法，从那时起她几乎所有的作品都在探索金属材料的最大发挥性。她认为应该给予材料最大的发展空间，创作应随着作品而演变，于是她便创作出这一系列自然形态的配饰。平滑的金属线"有意识地"控制着配饰弯曲扭转的方向，使这些极细的金属丝之间相互缠绕、叠压，呈现出舞动的运动美感，向观者传递出冰冷坚硬的金属材质也可以细腻多变。在材料颜色选择上，还加入了一些渐变色金属线，更加淋漓尽致地为观者展现出自由随性的流动美感（图6~图11）。

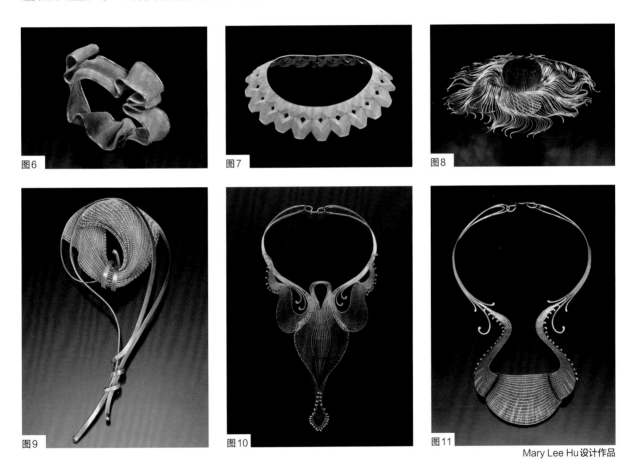

图6   图7   图8

图9   图10   图11

Mary Lee Hu设计作品

思考与行动：

谢瑞麟珠宝联手风格随性大胆的美国手作饰品设计师Christine Keller（克里斯汀·凯乐）制作了一系列金属编织配饰，将手作艺术元素与足金珠宝相结合。该系列配饰选用足金金线搭配炫目的彩色铝线进行缠绕、扭曲与编织，打破传统足金珠宝的硬质形态，令足金饰品焕然一新，展现出独一无二的趣味性与创造力（图12）。

请以彩色金属线为材料构思一系列创意编织首饰（不少于三件），并利用卷曲、缠绕、编织、扭转、打结等艺术手法将其制作出来。

图12

随着受众审美意识及生活品位的提高，大众化的配饰产品已经不能满足人们的需求，而张扬个性的肌理表现手法越来越迎合大众审美。金属肌理的充分运用可以赋予作品多样的文化内涵及生命力，这种浑然天成、自然洒脱的手工印记是机械加工难以仿效的，这也是其艺术魅力所在。

艺术家Davide Bigazzi（戴维德·比格茨）喜欢以金属为材质进行设计，也不断试验与捕捉贵金属的内在美与雕塑性，他认为金属具有较强的表现力与造型力，能够呈现出不同寻常的视觉效果。Davide年轻时曾师从意大利名家学习金属浅浮雕技术，故而对金属雕刻技术有较强的掌控能力。在制作过程中，Davide通过不同的工艺技法为金属首饰增添不同肌理效果，有的被打磨出磨砂般粗糙质感，有的被加工为拉丝纹理，有的雕刻出凹凸有致的浅浮雕效果，有的则呈现出多变的颗粒状质感。此外，该系列首饰均采用做旧色调金属，色彩与肌理交织在一起便形成了Davide作品的独特风格（图1~图6）。

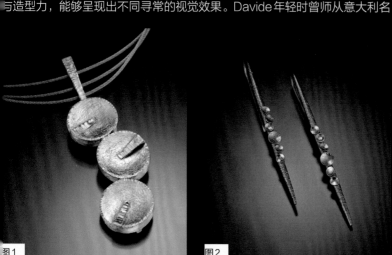
图1

图2

图3

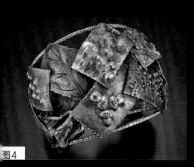
图4

图5

图6

Davide Bigazzi 设计作品

首饰肌理即指首饰外在的质感，观者可以通过视觉与触觉来感受各种纵横交错、凹凸不平、粗糙平滑等纹理变化。恰到好处的表面肌理可以给予首饰丰富的层次感与设计感。

常见的金属肌理效果有锤纹、磨砂纹、拉丝纹、叶纹、岩石纹等，它们能够给观者带来不同的视觉效果及心理感受（图7）。锤纹利用金属良好的延展性，用锤子敲击使金属表面受力产生凹凸纹理；磨砂质感则巧用喷砂技巧，灵活掌握粗细变化使金属呈现出与佩戴者光滑皮肤形成鲜明对比的粗糙质感；拉丝工艺制作出的纹理精致细腻，给人柔和顺滑之感；岩石肌理的粗犷消减了金属的平滑感与光泽度，在视觉与触觉上给予观者不同感受；叶纹则模仿树叶自然纹理，体现出人与自然和谐共生的设计理念

图7

图8

图9

图10

图11

艺术灵感来源于生活，大自然中很多生物的肌理都十分动人，用于首饰创作中有返璞归真之感。金匠师Linda Kindler Priest（琳达·金德勒·普里斯特）喜欢研究不同肌理感带给金属材质的奇妙变化。她偏爱运用古代金属工艺——repoussé（凸纹制作术）来雕刻、改造金饰。金属凸纹制作术通过直接在金属表面进行操作，使金属表面呈现出浅浮雕般的肌理感，从而焕发出新的生机与活力。在制作时首先将加热融化的金属倒入模具，再用类似铅笔状的被称作"錾子"的钢制工具刻锤、敲击，最终塑造出丰富微妙的肌理效果。

图12

Kindler善于将生活中的素材运用到配饰设计中，当她看到一只在天空中翱翔的鸟儿，一朵绽放盛开的喇叭花，一只在河边捕食的鹳鸟，她都会试图将捕捉到的生物动态体现在其作品中（图8～图12）。Kindler认为使用凸纹制作术将贵金属直接雕琢成动植物图像的方法可以真实地表达她对自然与生活的感触。她四处搜寻各种岩石与水晶，希望能够找到精确贴合特定作品的完美素材。这种具有化石般神秘美感的金属配饰，使她的作品受到众多收藏者的喜爱。

Linda Kindler Priest设计作品

思考与行动：

金属首饰表面加工工艺决定着首饰最终呈现的肌理效果，是加工过程中重要的工艺环节之一。可以通过凸纹雕刻、化学蚀刻、高温熔融等加工方法让金属表面产生凹凸或斑驳的肌理效果。其中金属化学蚀刻法是利用化学原理对金属某些特定部位造成一定缺失或附着在金属表面使其颜色发生改变的工艺技法。这种工艺方法操作起来相对便捷，可操控性强，图案肌理效果也较为特别（图13）。

请任选一种金属表面加工方法，将其运用在首饰设计中，制作一款具有特殊肌理的金属材质配饰。

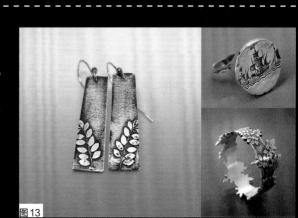

图13

第二节
漆色瓷灵 | **纯粹白瓷**

陶瓷材质也是配饰设计师所偏爱的材料之一，它具有高熔点、高硬度、高耐磨性、耐氧化等优点。而陶瓷分类中纯净素雅的白瓷尤其受设计师们的青睐。对白瓷的定义，普遍是基于瓷器的釉色，白色釉瓷称为白瓷。通常来说，白瓷瓷胎密度较高、烧成温度高于1200℃、吸水率小于0.5%，成色主要受到铁元素的影响，釉中氧化铁含量低于1%。

西班牙品牌Andres Gallardo（安德烈斯·加利亚多）将白瓷与植鞣革皮包结合，希望表达纯真无邪的童趣与复古情怀（图1~图6）。其作品的唯一装饰物就是白瓷，于是在皮料选择上采用了不加装饰的深红、朱红、亮黄、黑色等植鞣革，目的是衬托出白瓷的宁静与素雅。白瓷部分是工匠敲碎整瓷后，拣选造型完整的陶瓷碎片，再次切割、打磨将其加工成兔子、狮子、猎犬等动物形象嵌在皮革内。白瓷沉稳内敛的属性提升了这组作品的整体质感，也让此系列包袋具有极高辨识度。

图1

图2

图3

图4

图5

图6

Andres Gallardo品牌作品

图7

智利艺术家Livia Marin（利维娅·马林）的陶瓷创意让人眼前一亮。她的作品看起来像是在极高温的环境下，印有花纹的瓷罐融化掉了，但巧妙之处却在于融化流淌下来的部分依旧完整保存着瓷罐本身的精美图案（图7）。Livia认为，在日常生活中有许多常年使用的、与使用者有着特殊感情的老物件，就算不小心打破或磨损，但是它们依旧在人们的心中留下了不可磨灭的记忆。就像这些被融化的残缺瓷器，外观虽已残损，但流淌下来的液体却还保持着原有的美丽。Livia选用白瓷为材质进行创作，意在表示回忆的纯真与质朴，不掺任何杂念。

纽约小众品牌Arc Objects（弧对象）经营首饰和家具两个领域，两者都以陶瓷为主要原料。该品牌设计师Daniela Jacobs（丹尼尔·雅各布斯）毕业于美国帕森斯设计学院，她的这一系列配饰设计以简约白瓷为主，辅以金属手工制成，除此之外再无其他装饰，通过弧形曲线给人带来亲切舒适之感（图8~图11）。该系列作品色彩、造型均受大自然启发，意在表现自然中的淳朴之美，运用环形、半环形、贝壳形等形式，加之白瓷细腻莹洁的独特艺术表现力，将设计师崇尚返璞归真的情怀融入设计作品中。此外，不论在烧制、切割还是打磨时都要十分谨慎，因为在制作中稍有一点瑕疵都会特别明显。有时候繁复琐碎的造型、琳琅满目的色彩反而不受观者喜爱，所以不如尝试着多留一些空白，留一些想象的空间。简单也未尝不可。

图10

图8

图9

图11

Daniela Jacobs设计作品

思考与行动：

来自巴黎的搞怪配饰品牌Monochromatiques（单色性）喜欢以白瓷为材质制作奇异的首饰，比如咀嚼过的口香糖、挤出的牙膏、一枚煎蛋等，将人们意想不到的元素运用到配饰设计中（图12）。每件白瓷配饰都为纯手工制作，将捏制好的作品经过980℃高温烧制，然后上釉，再经过1240℃以上的二次烧制才算完成。

请以白瓷为创作材料，根据其特点构思一系列创意配饰设计，以文字形式表达出你的想法，包含设计理念、外观造型、制作工艺、图案花纹等。

图12

青花雅韵

图1

图2

图3

图4

图5

青花瓷又称白地青花瓷，常常简称青花，是中国瓷器的珍品，属釉下彩瓷（图1~图5）。青花瓷的烧制方法是以含氧化钴的钴矿为原料，在陶瓷坯体上描绘纹饰，再上一层透明釉，经高温还原焰一次烧制而成。钴料烧成后呈蓝色，具有着色力强、颜色鲜艳、烧成率高、成色稳定的特点。它以中国水墨勾染皴擦的特殊绘画技法，营造出一幕幕叶石相依、鸳鸯戏水、亭台楼阁、儿童嬉戏、状元及第等场景，即使瓷器不会说话，观者也很容易读懂它。

青花瓷虽然颜色单一，但是较五彩瓷器，更多了几分清丽与娟秀。青在色性上是一种沉稳冷清的颜色，画在白瓷上，既能破除白瓷的单调，又增加了明快优雅的情调，给观者一种宁静豁然之感。常见的青花瓷大多为白底青花，但也有极少部分为青底白花。青花装饰的色彩美还体现在其对青白关系的处理上，画师巧妙地掌握着青与白的和谐关系，注重虚实相生。

这种素雅富有中国风韵味的青花装饰现如今已被用于各个领域，如平面设计、包装设计、服装设计、配饰设计、产品设计等。在配饰设计领域，设计师一般采用搜集古瓷片的方式进行再创造，赋予其全新的面貌。古瓷首饰的再设计首先要注重"因材施艺、匠心独运"，搜集来的大部分古瓷碎片纹饰已不再连贯，于是在选材及制作时，应对现有古瓷片上保存较完整的部分进行仔细考量，看是否需要重新裁割与搭配。古瓷首饰设计既要秉承凸显民族特色及文化传统的设计理念，还要注入当代审美观念。将传统与现代融合，找到并建立默契，碎瓷残片也可以体现出无穷创意。

图6

图7

古瓷片是中国古代瓷器流传至今的部分残片，蕴含着悠久的历史及耐人寻味的文化意境。古瓷装饰设计发展至今，具有独特的设计原则和发展方向。由于古瓷片稀有且珍贵，所以古瓷装饰设计受到一定局限，不能肆意切割，随性破坏。故而在进行设计时，通常先对古瓷片进行切割，剔除不需要的部分，然后根据其题材、图案、外形、色彩等进行再设计（图6、图7）。

现今设计师常常执着于造型，为创造所谓的"个性"，而忽视了古瓷的深度与趣味。古瓷片装饰设计风格应该是质朴素雅的，抓住这个特性，将古瓷片与现代设计理念相融合，才能创作出具有文化传承气息的优秀作品。

中国设计师黄一川钟爱青花瓷首饰设计。她将古瓷片与银材质完美融合在一起，既有瓷器古朴的韵味，又不失现代审美趣味。黄一川认为照搬陈旧的东西、老的物件或古老的工艺并没有新意，只有让它们符合现代人的审美及适合日常使用，才能使其重新焕发光彩与活力，将古老的工艺传承下去。她希望从传统文化出发，以现代人的视觉感受将古典与时尚、传统与当代连接在一起，将青花瓷的经典性、本土性、艺术性与当代风尚相结合，以新的视角向人们诠释这种古老珍贵的艺术。

黄一川采用的碎瓷片大多都是清代青花瓷残片，因为清代康熙、雍正、乾隆这三个时期是中国陶瓷发展

的顶峰时期，制造量比较大。但这些碎片毕竟数量有限，无法再生，所以利用好这些碎片，尽最大努力使其焕发光彩显得尤为重要。本系列设计以青花瓷器残片碎件为基本元素，选取其中有特点的碎片，将它们仔细打磨、拼凑、整合，并配以长长的珠帘银穗，在点线参差中显出摇曳多姿的飘逸之美；又或者搭配一些洁白圆润的珍珠，衬托出青花瓷的纯净与超然（图8~图11）。其中"醉爱"系列造型是一对小翅膀，中间有一个小人，组合起来就像一个天使（图12）。黄一川选用了一些龙纹图案的瓷片用作翅膀部分，因为龙纹本身就由鳞片组成，比较接近羽毛的感觉。

图10

图11

图8

图9

图12

黄一川设计作品

思考与行动：

一件具有设计感的古瓷首饰，不仅应具备巧妙的创作构思，融传统与新意于一体，还要能够充分将各种材料合理搭配，体现出抽象、几何、唯美、雅韵、古朴等不同的表达语言。每一件古瓷片都是独一无二的，在现代首饰设计中，如何独辟蹊径，将古瓷片制作成为"可佩戴的历史"（图13），是设计师们需要不断思考与挑战的。

请寻找一些废弃的青花瓷片，根据其形状、图案特点，选择合适的制作工艺，尝试设计并制作一款具有现代审美的古瓷饰品。

图13

立体堆砌

当人们欣赏一件作品时，首先看到的就是这件作品表面的装饰效果。因此，装饰在设计中起着重要的作用。表面装饰是观者对作品的第一直观印象，或平面或立体，或规律或随意，或具体或抽象，等等，呈现出千变万化的形态。所以，在进行设计与构思时，需要对作品造型、肌理、色彩等方面进行综合、具体的考虑，从而探索出适合陶瓷首饰的装饰技法。常用的陶瓷的装饰技法有堆叠、彩绘、雕镂、刻划等，不同装饰方法既可以单独使用也可以综合使用，这样才能更好地发挥美化装饰作用，完整地表达出设计师的设计理念。

以色列设计师 Zemer Peled（扎莫·贝利）善用堆叠法进行设计，她用数以万计的陶瓷片创造了一个如盛开花朵般的艺术世界（图1~图4）。这些精细的作品融合了各种形状和颜色的陶瓷碎片，最特别的是用于日本传统陶器的艳蓝色瓷片。为了构建这些华丽的作品，Zemer 使用板坯来创建黏土片，然后用锤子将它们打碎成小块，之后根据各色不同碎片的长度、颜色及形状来组合、堆叠碎片，长条碎片被作为花蕊点缀在中心。这些碎瓷片堆砌而成的立体造型呈现出花的优雅与难以置信的有机结构。更有趣的是，单独的碎片有着锋利尖锐的边缘，而组合堆叠到一起之后却给人唯美柔和之感。

图1

图2

图3

图4

Zemer Peled设计作品

图5

在当今资源越来越丰富的时代，人们在重视物质生活的同时，更多地开始关注精神层面的感受，文化的多元发展也使得人们的审美趣味不尽相同。有人喜欢简洁素雅带给人的干净纯粹，有人喜欢精致华贵带来的精神满足；有人追求新奇个性之感，有人喜爱传统保守之韵；有人偏爱抽象几何风，有人却爱具象写实风。而陶瓷材质本身具有很强的可塑性，这无疑给设计师提供了一个有利的发挥空间，他们可以根据不同人群的审美及个性化需求创作出不同风格的造型（图5），加之工艺方法选择的灵活性，更是无限扩展了陶瓷首饰的种类与风格。

图6

图7

图8

图9

立体堆砌装饰技法是指根据设计好的图案，在坯体表面一层层堆饰上厚薄不等、面积大小不同的泥浆进行装饰，可以营造出类似立体浮雕的肌理效果，既可以在陶瓷制品烧成前进行堆砌，也可以在烧成后进行二次加工。加法类装饰手法主要通过粘贴、叠加、连接等方法，利用泥浆良好的黏合性与可塑性来制造装饰效果，把不同形态的泥块进行疏密得当、错落有致地排列和粘接，最终形成丰富的肌理效果。

来自法国的艺术家Juliette Clovis（茱丽叶·克洛维斯）对陶瓷雕塑有较深的研究。她的作品大致围绕三个主题来策划：人与自然的联结、生与死的对立以及传统与现代的对话。在她最近的作品——陶瓷材质女性半身雕塑中，将女性形象与野生植物相结合。首先在人形陶瓷模子上绘制一些彩色纹样，有龙凤纹、花草纹、缠枝纹等，然后用尖刺、花朵、和平鸽、羽毛等元素进行堆砌和装饰（图6~图10）。这些自然元素看起来仿佛是从雕塑内部生长出来一般，有的脑袋上长出密集的花朵，有的被不计其数的和平鸽所包围，有的则披着动物的羽毛，还有的长出兽角，让人感觉置身在自然丛林中。可以说Juliette是一个善用隐喻的艺术家，她用半动物半植物的新个体的诞生与大自然想把生命收回前所导致的死亡来临进行碰撞，质疑人与自然之间的力量平衡。她一心想把人类与自然联系在一起，告诫人们要善待赖以生存的环境。

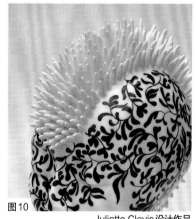
图10

Juliette Clovis设计作品

思考与行动：

造型是构成形体的基本要素，因此在陶瓷首饰设计中首先应该考虑到陶瓷首饰的造型因素（图11、图12）。此外，选用合适的装饰手法也极为重要，堆叠手法既能丰富主体造型，还使得作品更加耐看。但要注意的一点是，装饰物并不是堆积得越多越好，而要依形而定，适量地添加。

请寻找生活中废弃的陶瓷瓶，使用立体堆积的方法对其进行装饰。

图11

图12

彩绘新韵

图1

在陶瓷艺术中，质地、造型和装饰，虽然各有自己独立的美学内涵，但只有三者相互依存、共同协作才能创造出完整的艺术作品。陶瓷的质地构成陶瓷作品的肌肤肉质；陶瓷造型赋予陶瓷作品灵魂；陶瓷装饰则造就陶瓷作品的丽质英姿。常用的陶瓷装饰技法有堆叠、彩绘、雕镂、刻划等，其中彩绘法最为实用，呈现出的视觉效果也最佳。彩绘装饰手法主要分为釉上彩和釉下彩两种。釉下彩装饰最常见的是青花装饰、红绿彩绘、五彩装饰等。釉上彩装饰主要分为新彩、古彩、粉彩三大类，新彩装饰技法及颜料色彩最为丰富，且绘制难度小，是最常用的釉上装饰技法。

法国珠宝品牌Nach Bijoux（纳驰珠宝）是由Nadia Koch（麦迪娅科什）和Nancy Koch（南希科什）两姐妹创立的。她们出生于珠宝世家，父亲是一名技艺高超的微型陶瓷制作大师，于是姐妹俩继承了家族30年来传承的陶瓷工艺，并在其中加入趣味设计，打造出了这个极富新意的陶瓷珠宝品牌。她们将用温暖亲和的陶土作为创作主体材质，烧制出鹦鹉、松鼠、猎豹、大象、犀牛等动物形象，然后采用新彩装饰技法为它们绘制五官、皮毛肌理等细节，使这些小动物们在指间拥有了新的生命（图1～图4）。

图2

图3

图4

Nach Bijoux **品牌作品**

图5

釉下彩与釉上彩的不同之处在于：（1）在绘制步骤上，釉下彩是先在生坯或素坯上用色料彩绘装饰图案，之后再上釉经窑烧而成，而釉上彩是在烧好的瓷胎上进行彩绘，再经窑烧最终成型；（2）在外观上，釉下彩烧制出的装饰图案比较平滑，釉上彩烧制出来的纹样则比较突出；（3）在显色方面，釉下彩烧制前后色差较大，极难掌握，而釉上彩温度较低，烧制出来的颜色变化不大。

罗马尼亚插画师Madalina Andronic（麦达丽娜·安德罗尼克）联手设计师Claudiu Stefan（克劳迪奥·斯特凡）共同制作了这样一组创意十足的陶瓷领饰作品（图5）。该作品采用了罗马尼亚传统图形符号，以风趣幽默的彩绘涂鸦形式绘制在白色瓷片上。设计师用硬质陶瓷做出贴合颈部的领饰设计，充满时尚感的同时又不乏趣味性。

纵观时尚领域，陶瓷材质作品并不多见，究其原因在于陶瓷材质与烧成技术的特殊性。首先，陶瓷材质的易碎性使陶瓷产品的价位与研发力度相对较弱；其次，其在烧成技术和设备配置上均有特殊要求，所以也限制了它的大批量生产；还有就是目前人们对陶瓷首饰的认知与关注度还比较薄弱。

Seletti（塞莱蒂）是意大利骨瓷器具品牌，它的Hybrid（混血）系列可谓将陶瓷彩绘技法体现得淋漓尽致。该系列作品的独到之处在于一件作品中有两种截然不同的风格，一边是欧洲宫廷洛可可风，一边是传统中国风，以一条泾渭分明的中线加以区分（图6~图10）。两边不同的装饰风格看似冲突却又和谐统一，挑战观者的视觉极限，给人一种奇幻的穿越感。Hybrid陶瓷属于骨瓷材质，在原料中掺入食草动物的骨粉，经过高温素烧和低温釉烧两次烧制而成，瓷胎光泽如玉，质地十分轻巧。待瓷坯烧成后，工匠在其上进行手工绘制环节，一半要绘制中国古代吉祥纹样、亭台楼阁、民间故事、花鸟鱼虫等，一半要绘制西方装饰纹样、乡间景色、服饰风格等。想必用此系列餐具就餐一定会非常有趣吧，把菜拨到一边是东方风味，而另一边则是西方格调，同时在吃饭之余还能与同伴讨论中西文化的对比融合。

图6

图7

图8

图9

图10

Seletti品牌作品

思考与行动：

手工陶瓷产品有着批量烧制陶瓷作品没有的匠心灵魂。纯手工烧造绘制出来的精美陶瓷饰品不仅饱含了匠人的精湛工艺，更是有着不同寻常的独特艺术美感（图11）。陶瓷彩绘手法在运用时一定要与器型相协调，不能单纯为了装饰而装饰，图案是为器形服务的。除此之外也要考虑到彩绘颜料在烧制过程中是否会发生化学反应，以便在创作初期调配好适合的颜色。

请动手烧制一款自己喜欢的陶瓷器形，并运用彩绘技法对其进行装饰，使其富有现代感与时尚感。

图11

第三节 解构纤维 | 朦胧之美

材料因其本身独特的肌理和质感在创作中构成艺术的语境，如媒介一般将作品的设计主题及艺术美感直观地展示在世人面前。设计师一切的构想也都是建立在材料的基础之上的。因此，在着手设计前必须充分了解材料的特性及其加工工艺。不同的材料加工方式不同，质地不同，成品的效果和营造的氛围也有所不同。其中，纤维是指由连续或不连续的细丝组成的物质，具体可分为天然纤维和化学纤维。因纤维本身具有柔软可塑的质感特性，它能营造出柔软、亲和的艺术效果。日本艺术家Mariko Kusumoto（楠本真理

子）以柔软透明的海洋生物为设计灵感，利用聚酯纤维的材质特性，制作了一系列风格独特的饰品（图1～图5）。由于聚酯纤维本身较为柔软，具有极好的可塑性，她利用加热的方式将其定型，并结合色彩搭配，创作出具有颗粒状的配饰。又因纤维本身具有透明感，因此该配饰营造出一种朦胧、空灵的美感。Mariko Kusumoto表示希望这些用纤维材料创作出来的配饰能给人们带去视觉美的体验和更多的想象空间。

图1

图2

图3

图4

图5

图6

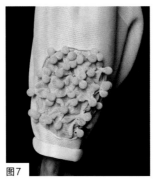

图7

纤维通常分为天然纤维与化学纤维两大类。其中，天然纤维又可分为植物纤维、动物纤维和矿物纤维；而化学纤维则分为人造纤维、合成纤维。天然纤维吸湿性较好、染色度较好，对人体有益。而化学纤维可塑性强、耐磨性和耐光性较好。在进行配饰设计时，可以根据与人体的亲肤程度、塑型强度方面选择合适的材料进行创作（图6、图7）。

图8

图9

图10

若想在配饰设计中充分运用材料的材质特性，首先需要明确材料的种类，并对其物理性质及化学属性等特点有全面的认知，进而针对不同材料的特点来设计不同的配饰作品。例如，粗糙的天然纤维材料，更适合表现天然、简洁、朴实的风格；而人造纤维材料，则更适合表达华丽、柔软、细腻的概念。日本首饰设计师 Yoko Izawa（小泽一郎）以人造纤维为主要材料，设计了一组具有含蓄、清新之美的首饰作品（图8~图12）。在 Yoko Izawa 的设计中，他常利用覆盖叠加的方式，在某种材质之外裹上另一种材质，同时表现出诸如朦胧、模糊等抽象的感觉。因人造纤维既具有朦胧柔软的特性，又具有一定的柔韧性，便于造型。因此，他将金属丝作为内部支撑，在其外表覆盖上人造纤维，完成了该组创作。

图11

图12

Yoko Izawa设计作品

思考与行动：

　　纤维材料在配饰设计中的综合使用，不仅激发了设计师们的创作灵感，同时也提升了设计作品的表现力、为之增添了更为丰富的艺术语言。英国艺术家 Michelle Mckinney（米歇尔·麦金尼）用金属纤维材料来诠释自然生命的脆弱性和短暂性，让人在静止的作品中感受到了一种灵动（图13、图14）。

　　请探讨纤维材料与设计的关系，运用五种不同的纤维，制成一款配饰设计，感受不同的纤维特性并写出分析报告，不少于1000字。

图13

图14

立型纤维

向立体的造型得以实现。

韩国艺术家 Jounghye Park（朴贞惠）利用生活中常见的纤维织物进行设计。其作品灵感来自海洋生物，通过对原有纤维织物进行分解及重组，结合特殊制作工艺，为其增加丰富的肌理层次，从而表现出奇特的三维造型（图1~图6）。这些外表看上去柔软斑斓的作品，其内里似乎又有一种桀骜不驯的傲气，令人喜爱的同时又不由得多看几眼，想更加深入地去细探作者的内心世界。

以纤维作为主要材料的设计作品在现实生活中十分常见。大到室内外装置作品，小到衣身穿戴等都可以找到纤维的影子。如何根据纤维材料本身的质感、肌理等特点进行创意设计呢？事实上，纤维的肌理表现分为两个部分，一是原材料本身特有的肌理，二是通过设计运用相应的表现技巧所展现出来的肌理。常规的纤维作品大多是平面化的，更多保留了其二维材质特性，当设计师们尝试将设计思路从而二维上升到三维，创新也往往由此而生。由于纤维本身具有一定的可塑性和韧性，该特点使其从平面转

图1

图2

图3

图4

图5

图6

Jounghye Park**设计作品**

图7

图8

对纤维进行加工从而使之拥有更多的肌理造型变化，首先可以用不同颜色的纤维编织成平面形态，如传统样式的织物地毯、壁毯等；其次可以用编织、缠绕、堆积等手法形成半立体浅浮雕效果；还可以通过特殊制法或是与其他材料相结合，从而形成立体的三维空间效果。这也是纤维艺术作品经常会被称为"软雕塑"的原因。在进行创作之时，一定要考虑纤维的平面图案与立体造型之间的关联性和协调性。著名纤维艺术家 Magdalena Abakanowicz（玛格达莲娜·阿巴卡诺维奇）通过对立体纤维的深入探究，最终以富有抽象美感的纤维艺术作品把当时流行的平面纤维作品引向一个三维空间，开创了纤维艺术的新篇章（图7、图8）。

图9

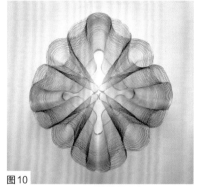
图10

图11

图12

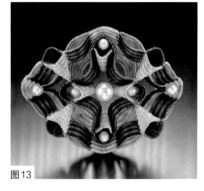
图13

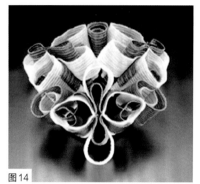
图14

Anastasia Azure 设计作品

在设计创作的过程中，作品形态的表现与材料的选择有着直接的联系。每一种材料都具有独特的美感，材料的肌理美如果表现合理得当，创作出的作品也将更加具有魅力。就纤维材质而言，设计师往往会运用编织、抽褶、堆积、缝制、粘贴、热熔、拼贴、磨损、印染、绣、镶嵌、缠绕、捆扎等多种技法为原始的纤维材质赋型，并且经常混合运用上述手法来增加设计效果。除此之外，随着

科技的发展，新技术在纤维加工中的运用也日益普遍化。例如，工业机织、数码编织等手段不断被运用在纤维配饰设计中，从而将纤维材质变形成肌理更加丰富、外观更加立体的创意作品。

专业背景为金属首饰艺术的设计师 Anastasia Azure（阿纳斯塔西娅·雅骏）热衷于金属纤维编织，并致力于应用数控机制作出复杂多变的纤维首饰。通过耗费三年时间，

Anastasia Azure 成功研发出"Dimensional-weave"（三维编织）的纤维加工技术。结合古老编织工艺、传统金工和现代材料等，Anastasia Azure 创造出具有建筑感般富有变化的立体结构纤维作品，其表面卷曲的形态和清新雅致的色彩搭配也营造了梦幻而唯美的艺术风格，给人带来强烈的视觉冲击感（图9～图14）。同时也让人们看到现代纤维配饰设计中的更多可能性。

思考与行动：

材料本身不仅仅构成作品形态的基础，同时也能体现作品的主题及内涵。来自多伦多的纺织艺术家 Amanda McCavour（阿曼达·麦克卡沃）使用线这种材料来构建介于二维和三维之间的艺术作品。具体做法是先把线缝制在一种特殊的水溶织物上，然后将织物放置在水中进行溶解，最后形成线的表面。通过对沙发，厨房桌子和背包等物体的表达，Amanda McCavour 探索了人与纤维之间的连接（图15、图16）。

请以生活中常见的物品为设计灵感，以线为材料，进行一组创意配饰设计，要求作品能利用线这种材质，体现出独特的视觉效果。

图15

图16

纤维也多元

随着时代的发展，人们对于产品的要求开始上升到审美意趣等精神层面，而设计的发展也正在逐渐走向多元化。材料是艺术设计中最基本的物质载体，设计师们为了明确而完善地表达自己的设计理念和灵感，追求作品的原创性，只得不断挖掘材料的潜能、发挥材料的特性，同时也在不断地突破关于材料的常规设想。在现代纤维设计中，单一纤维材料的使用已经越来越少见。设计师们热衷于使用多种不同色彩、肌理、质感的纤维材料进行创作，也尝试着在创作中加入多种不同的材料，如纸、塑料、玻璃、羽毛等，从而使之呈现出更加丰富的视觉效果、触觉肌理和艺术语言。

Brooke Marks-Swanson（布鲁克·马克斯-斯旺森）是一位纺织艺术家，其用金属片制作出鱼鳞状的肌理，用编织工艺赋予彩色纤维一定的面积。其作品整体配色柔和而充满生机，多种材料的结合更使得作品充满细节亮点。在该组作品中，Brooke以美国中西部地区美丽的自然风景为灵感，通过纤维和金属材料之间的融合设计了一系列丰富的配饰作品，由此表现出她心中所理解的中西部风景及人文（图1~图6）。

图5

图1

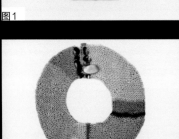

图2

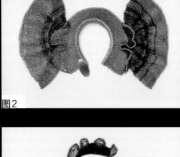

图3

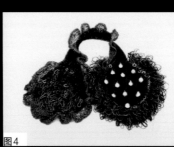

图4

图6

Brooke Marks-Swanson设计作品

图7

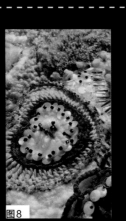

图8

多元设计的要点主要体现在以下方面：（1）色彩多元。色彩的多元除了指多种色彩的组合使用外，也可以是同一种颜色在不同明度、纯度、透明度等方面的变化，使颜色更加生动而富有层次变化。（2）造型多元。造型多元包括外轮廓线和内部结构线的多样化。巧妙运用不对称、对比等手法，使造型更具设计感。（3）材料多元。材料多元即运用多种不同的材料进行组合，尤其可使用质感差异较大的材料，如牛仔与薄纱，在视觉上产生强烈的对比，增加设计感。（4）工艺多元。对同一种材料而言，不同的加工工艺也能使之获得多样的肌理质感。基于此，设计师运用不同纤维、管珠等多种材料及色彩的综合运用，最终构建出斑斓多姿的纤维艺术作品（图7、图8）。

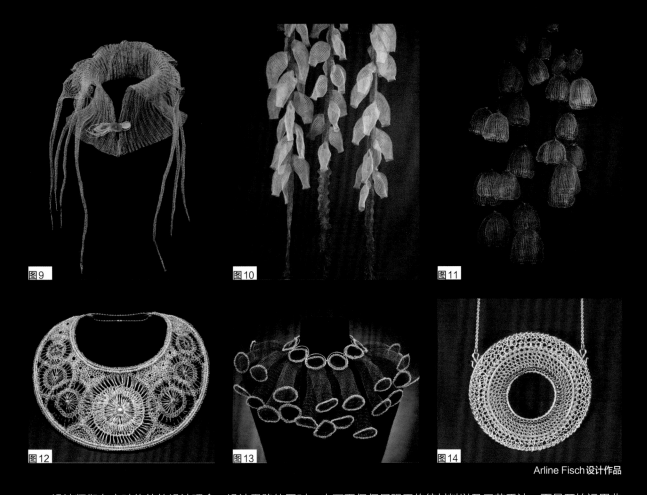

图9   图10   图11

图12   图13   图14

Arline Fisch设计作品

　　设计师们在突破传统的设计理念、设计思路的同时，也不再仅仅局限于传统材料以及工艺手法，而是开始运用非传统材料以及丰富的加工手法。换言之，现代创意配饰设计在某种程度上更趋向于多种材料以及工艺手法在其中的综合运用。其作品能够很好地将实用性与审美性高度统一，为配饰设计带来了更多精彩的效果。

　　美国艺术家Arline Fisch（埃偌莱·费史）喜欢运用不同的纤维材质进行创作。在其代表作中，Arline Fisch以金属纤维、蚕丝、金银等多种材料，通过对珊瑚、水母等海洋生物外观的模仿，结合编织工艺制作出一系列具有丰富肌理的配饰作品（图9~图14）。Arline Fisch认为珠宝首饰的主要功能在于使佩戴者看上去更漂亮、潇洒、与众不同，增添的是佩戴者的风度和个人魅力，不会因为佩戴首饰而遮住本人的特征。因此，其配饰作品大多具有明艳的色彩和夸张的造型。

思考与行动：

　　由于设计形式的多元化发展，设计师们结合不同的表现材料进行创作，使得作品不断以崭新的形态出现在艺术的舞台上。英国纤维艺术家Elin Thomas(艾琳·托马斯)使用羊毛纤维创造了装满霉菌的培养皿。其作品采用直径为8cm的玻璃培养皿作为容器，然后使用钩针和刺绣技术精心地将羊毛、毛线等材质制作成丰富的细节（图15）。

　　1.请收集使用多种材料制成的现代配饰设计，并尝试从色彩、造型、肌理等角度对其进行美感分析。

　　2.请利用三种以上材料，设计一款创意配饰。

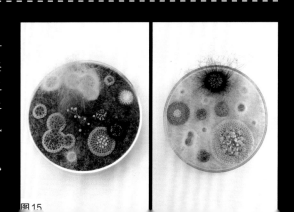

图15

第三节
解构纤维 | 非编织纤维

图1

纤维在现代设计中吸纳了现代艺术观念以及现代纺织科技的学科，其加工手法丰富多样且灵活多变。传统观念中关于纤维材料的加工离不开编、钩、绣等工艺，然而，非编织纤维近年在现代配饰设计中的使用也是数不胜数。中国古籍《考工记》中记载："毡之为物，无经无纬，文非织非纴。"这说明羊毛毡作为一种非编织纤维艺术形式，从远古时期便已经出现。它是一种完全用羊毛纤维所制成的天然纤维织物，除了具有良好的保暖防风性能外，还具有防水隔潮的功能。因此早期的游牧民族多用其来制作防寒的服装、鞋帽和地毯、蒙古包等。由于工业的进步，羊毛毡制品原有的功能优势被现代工业产品所替代，因此逐渐淡出了大众的视野。

图2

现代以来，艺术家和设计师们基于对传统手工艺的传承，又开始挖掘羊毛毡制品的艺术价值，并将其应用在时尚艺术领域，从而使古老的羊毛毡工艺重新走进现代人的生活。羊毛纤维具有较好的弹性和可塑性，有助于塑造和保持形状。因此非常适合表现三维立体软雕塑、装置艺术。来自乌克兰的手工设计师Yuliya Kosata（尤利娅·克莎塔）不单擅长羊毛毡制作，同时也是一位资深的"猫奴"。她利用羊毛毡的可塑性做出了各种各样的主题式羊毛毡猫屋。当猫咪们走进独特的"仙境"小屋，就更像一只只俏皮可爱的小精灵了（图1~图4）。

图3

图4

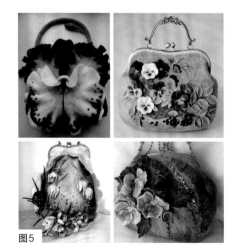

图5

利用羊毛毡工艺进行肌理形态设计时可着手于以下三个角度：（1）点状肌理形态。点通常给人轻快、跳跃的感觉。连续排列且大小交替变化的点，还能形成很强的节奏感和运动感。羊毛毡材因其特有的触感属性，其点状肌理能带来不同于其他材料的心理感受。（2）线状肌理形态。羊毛纤维本身就是一种线形材料，在羊毛毡作品中不同颜色的羊毛纤维叠加之处天然分布着复杂交错的线状肌理。此外，由于毡缩效应，羊毛毡中的线在细看之下都呈一种波浪形，并不存在绝对平滑的线，这也是羊毛毡艺术的一大特色。（3）面状肌理形态。羊毛毡的面状肌理有着鲜明的视觉特征，由于材料特性导致其块面交接之处通常过渡柔和，并呈现出一种水彩晕染般的质感。设计师通过对自然植物外观造型的模仿，运用线状肌理形态制作出具有曲线美感的挎包外形，继而点状肌理形态在其表面进行小型花卉细节的装饰，从而制作出生动有趣的花卉挎包（图5）。

羊毛纤维由柱状螺旋纤维构成，表面有一层肉眼观察不到的鳞片组织。羊毛毡工艺方法是利用外力反复挤压揉搓羊毛纤维，使其表面的鳞片发生摩擦、交织、毡化，最终糅合在一起形成具有新外观的物体。羊毛纤维经过毡化可制成或硬挺或柔软的各种物品。因羊毛纤维材料本身具有其特殊的肌理形态，利用羊毛毡工艺制成的作品由于形状、疏密、大小、颜色的差异都会产生不同的艺术表现效果，给人带来丰富的感官体验。来自波兰的一对姐妹，Celina Debowska（塞丽娜·德波斯卡）及 Maja Debowska（玛娅·德波斯卡）在网络平台上经营着一家专门出售羊毛毡动物围脖的商店。她们使用100％纯羊毛材料，加上毛毡工艺的塑形，让天鹅、猫头鹰、猫或狐狸等造型栩栩如生、服帖地蜷曲在人的肩膀上（图6～图10）。其中最为畅销的天鹅系列围脖的设计灵感来自冰岛歌手的演出礼服，通过羊毛毡工艺制出一片片羽毛，再利用缝织工艺将其进行组合。围上它，使人立刻散发出1920年代的复古风情，走上街头立马能成为万众瞩目的焦点。Celina表示羊毛毡具有很好的塑形功能，非常便于制作概念性设计，基于此她所有天马行空的想象都能得到实现。

图6

图7

图8

图9

图10

Celina Debowska 和 Maja Debowska 设计作品

思考与行动：

传统羊毛毡主要以湿毡法进行制作，随着设计的多元化，干毡法开始被运用在羊毛毡中。其中干毡法多用于表现较为具象的小图形，而湿毡法的优点则体现在图案成型面积大、效率高、色彩融合均匀等方面。现代设计师往往会在湿毡法的基础上结合干毡技法，运用多元的加工手法进行创作。来自乌克兰的艺术家 Hanna Dovhan（汉娜·朵夫翰）用干毡法制作出一系列食物形状装饰。在其设计中，羊毛粗糙而毛绒的质感给人带来温暖亲切的感受。Dovhan 为了增加作品的趣味性，还为这些食物添加了拟人化的表情（图11）。

请准备羊毛毡材料及工具，尝试同时运用湿毡法和干毡法，制作一款创意配饰，并对比这两种技法的区别。

图11

恋上玻璃心

图3

材料语言是首饰设计重要的物质基础和表现手段。随着综合材料在各个领域的广泛应用，越来越多的设计师开始探索首饰设计的新审美取向和表现形式。现代首饰设计突破了传统首饰材料价值观，不再执着于贵重的材料，而是尽量开发新材质寻求更多可能性。玻璃材质因其透光性、可塑性、色彩丰富性及可控性等特点受到现代设计师及消费者的青睐。首先，玻璃材质在视觉上具有可穿透性，提升了玻璃材质首饰的视觉表现力，增强了首饰与佩戴者的互动性。光照可以穿透玻璃，使玻璃呈现出全透明、半透明、甚至几乎不透明的状态，同样玻璃也能反射、折射光线，呈现出霓虹般的视觉效果。其次，玻璃的可塑性特点给设计师提供了很大的想象与创作空间。玻璃在不同温度下会呈现出不同状态，如在常温状态下呈固态，可以在其表面进行雕刻，在高温状态下呈液态，可以铸型或吹制等。最后，由于玻璃具有色彩丰富及可控性的特点，在高温制作中可以根据需要控制玻璃的颜色及肌理，这种特殊性不仅体现了设计师的主观情感和设计理念，同时也丰富了作品的视觉效果。

图4

Agustina Ros（阿古斯蒂娜·罗斯）是一位年轻的艺术家，她希望将玻璃艺术的敏感性、脆弱性与首饰设计结合起来。她利用玻璃的透明质感制作了一系列造型简约的玻璃首饰，给人不掺杂质的纯粹感。Agustina选择在水下进行拍摄，利用光的穿透性及水的折射赋予首饰梦幻、神秘的感觉。周围的环境通过水的折射也为首饰增添了如梦似幻般的效果（图1~图5）。

图5

图1

图2

Agustina Ros 设计作品

图6

玻璃是一种无机非金属材料，相较于金、银、铂金等金属材料，其更易获得且成本更低；相对于宝石和珍珠等无机非金属材料，玻璃的环保性更强。因此，越来越多的设计师使用玻璃代替传统首饰材料来降低首饰本身的成本，并且在设计和制作过程中传达自然与环保的理念，这无疑是艺术首饰材料的升华。

艺术家Emmeline Hastings（埃米琳·哈斯汀斯）毕业于英国创意艺术大学。她以海浪声、音乐及相关自然现象为灵感，将有机玻璃、不锈钢、钛金属和贵金属等材料相结合，使透明的有机玻璃衬托出迷人的金属光泽。在阳光的照射下，更是焕发出了绚丽夺目的光芒（图6）。

图7

图8

图9

中国设计师Susan Fang（方妍楠）毕业于中央圣马丁艺术学院，于2017年创立同名品牌。其品牌理念不以潮流或风格审美为主导，而是超越设计领域来表达艺术幻想。2019年，Susan受到 *Vogue Italia*（意大利版《时尚》杂志）副主编Sara Maino（萨拉·麦诺）邀请登上米兰时装周，举行其2020年春夏作品系列首秀。

该系列以"Air·Rise"（空·舞）为主题，以Susan童年不真实的幻想为灵感，通过层叠的欧根纱和"空气刺绣"，并辅以针织和钩编等工艺，描绘出一个奇幻缥缈的梦境。其中最引人注目的是模特的头饰、项饰、包袋及鞋子等配饰品，都以透明圆润的水晶玻璃制成，它们被串联、编织在一起，闪闪发光。Susan制作配饰泡泡珠的灵感来自作家杨绛说过的一句话"我只是一滴清水，不是肥皂水，不能吹泡泡"。于是在做这系列配饰的时候，Susan以简单、通透的水晶玻璃为材质，泡泡造型为主，打造出透亮空灵的头饰、耳环及包袋。随着模特身体的自然摆动，配饰也不断反射出迷人的光芒和转瞬即逝的小彩虹光晕。这一次，Susan旨在以光和色彩编织一场如梦似幻的多维泡影之梦（图7～图10）。

图10

Susan Fang设计作品

思考与行动：

当玻璃材质与水结合，两种透明物体间的碰撞又带给观者另一番奇幻感受。设计师将玻璃做成球形，并在其内注入半满的水，将其堆积组合成项饰，或配以银饰垂在锁骨间，抑或做成夸张造型的耳饰或腕饰。这些配饰除带给人纯洁宁静的感觉之外，还有一个独特之处就是周围的环境会倒映在玻璃水球内，呈现出仿佛魔法球一般虚幻神秘的视觉效果（图11）。

请深入思考玻璃材质的透光性、可塑性、色彩丰富性及可控性等，想象一下利用玻璃材质的特殊性能制作出什么样的创意配饰，写一篇不少于1500字的研究报告。

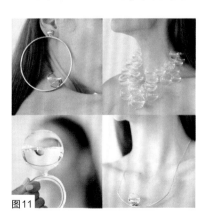
图11

"脂"为你心动

树脂根据生成形式通常可以分为自然树脂和合成树脂。自然树脂是指由自然界中动植物分泌物所得的不定形有机物质，如松香、琥珀、虫胶等。合成树脂是指由简单有机物经化学合成或某些天然产物经化学反应而得到的物质，如酚醛树脂、聚氯乙烯树脂等。树脂材质造型能力强，透明度高，可灌制及加工成各种形状，并且完全无毒害。最大的优点是可以把各种金属、塑胶、沙石、花草、相片等加入其中，是工艺品与纪念品的理想选择。

来自墨尔本的珠宝设计师Britta Boeckman（布里塔·博克曼）用透明树脂和木质碎片制作了一系列自然主题配饰（图1~图4）。木质丰富不规则的肌理与晶莹透亮的树脂相结合，对比交错极富秩序美感，碰撞出别样火花。树脂本身透明无色，需往里添加染剂致使颜色变幻，如想调配出自己想要的颜色效果则需要不断试验。Britta的作品按照同色系来排列组合，让观者看起来既舒适又有整体感，还能细细品味同一色系中细微的颜色差异。

图2

图3

图1

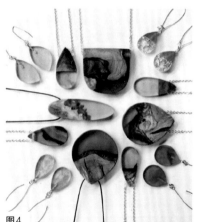
图4

Britta Boeckman设计作品

图5

图6

该设计来自加拿大创意饰品品牌My Secret Wood（我的秘密木材），设计师将微小的秘密世界封装在指间，用优质的树脂与精细木材，纯手工打造出独一无二的魔幻之戒。这些戒指都是用新鲜木材、珠宝、树脂和蜂蜡手工制成，任选两件作品都不会完全相同，这意味着指间的小世界只属于自己。树脂内排泡能力较低，所以在浇筑后出现好多小气泡，看起来像是漫天飘舞的雪花，更增添了魔幻神秘的氛围。盛开的樱花、午夜飘雪、原始森林……刹那间的美景像被施了魔法一般永恒地凝固在这透明的树脂中（图5、图6）。

日本大师Sakae(荣)手工制作的Kanzashi（一种传统的日本发饰，通常在比较隆重的特殊场合与和服一起穿戴）栩栩如生，不论是娇艳欲滴的花朵还是翩翩起舞的蝴蝶，都晶莹剔透、富有动感，半透明材质使整体作品呈现出犹抱琵琶半遮面之美（图7～图12）。

图9

这种发簪主要由合成树脂材料制成，利用其易成型、易保存、操作简便，具有透光性、可控性等优点。制作过程中，首先用加工工具将金属丝弯曲、扭转成花瓣或叶子所需廓型，之后将其浸泡在调配好的有色树脂溶液中，在将其提出时树脂液便会形成薄膜吸附在金属丝上，待树脂薄膜干透之后就形成了半透明花瓣状。最后修整边缘，为其添置花芯或做一些肌理效果，一朵栩栩如生的鲜花便成型。所有花簪都为纯手工制作，依照不同难度，制作周期在三天至一个月不等。人造花通常或多或少会有些不真实，但Sakae却用他的作品完美地诠释了自然造物的韵味。

设计师们要善于发掘树脂材质的独有魅力，探讨传统与新型现代化首饰行业之间的传承与联系，突破原有设计的局限性与单一性，将树脂工艺融入现代首饰设计的大环境中。

图10

图7

图8

图11

图12

Sakae设计作品

思考与行动：

环氧树脂AB滴胶是设计师们最常用的一种DIY材料。制作时按比例将A、B胶混合并搅拌至气泡消失，然后加入装饰材料倒入模具中，等待其完全凝固即可（图13、图14）。凝固时间尽量为一天以上，天气潮湿时3～4天才能完全干透。在成品未干时不能随意移动，否则会导致变形，影响最终效果。

请以树脂为原材料，尝试动手制作一系列配饰设计，要求不少于三件，并配以设计说明。

图13

图14

为什么大多数人都会喜欢透明或具有透明性质的物体呢？这就源于透明材质给观者带来的心理感受。人们对于玻璃材质的喜欢可以分为本能喜欢与后天形成的喜欢。对于本能喜欢来说，一方面，如果没有光就没有视觉，也就没有对于材质的认知，而透明材料却恰恰能够承载光的艺术；水是人类赖以生存和不可缺少的资源，人们对清澈纯净的水有着一种本能的喜爱，而透明材质就像水一样无暇，于是人们也同样对透明材料本能地产生了偏爱。在心理学当中，称这种因为本能喜欢而产生对另一种物质喜欢的现象叫作刺激泛化。另一方面，视觉感知在人对一件事物的心理判断中占了第一要素。透明材质在视觉效果上能够让人一眼看穿，给人以安全感与可控感，并且通过光线的折射和反射，能够产生让人捉摸不透的神秘感，因而备受人们喜爱。

设计师Tokujin Yoshioka（吉冈德仁）与三宅一生联名设计的全新腕表——"O"系列，其设计灵感来自水，英文名"O"的发音，在法语里面也是水的意思。这系列腕表有白色、蓝色及粉色，表带部分均为透明塑料材质，清爽简约的造型及透明质感赋予了它们时尚摩登的气息（图1~图5）。

图1

图2

图3

图4

图5

Tokujin Yoshioka设计作品

图6

图7

PVC（聚氯乙烯）材质具有不易燃、高强度、耐气候变化以及优良的几何稳定性。由于其独有的特性及透明感，故而成为设计师们运用较多的材料之一。Valentino（华伦天奴）推出的Candystud（糖果螺包袋）系列中有一款PVC材质限量包袋，十分俏皮可爱（图6、图7）。一般来说，PVC材质用于配饰设计中大多给人高冷或纤尘不染的感觉，而这款包袋却恰恰相反，用透明PVC材质制造出菱形格纹肌理，并搭配粉色皮质提手、包带，点缀一些糖果色铆钉，立马呈现出少女般的甜美俏皮感。

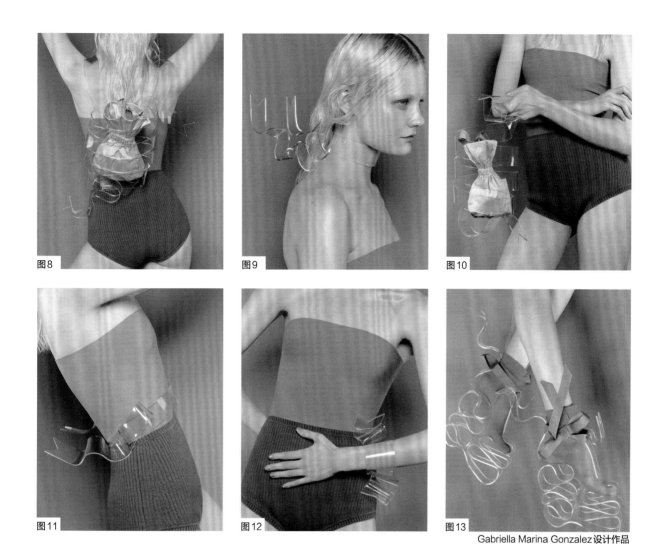

图8　图9　图10　图11　图12　图13

Gabriella Marina Gonzalez 设计作品

设计师 Gabriella Marina Gonzalez（加布里埃拉·玛丽娜·冈萨雷斯）的透明塑料材质系列作品名称为 *Alcyone Dreaming*（《梦中情人》），其灵感来源于古希腊神话爱情故事。黎明女神的儿子 Ceyx（刻宇克斯）海难身亡，其妻子 Alcyone（亚克安娜）随后伤心跳崖殉情，后双双化为翠鸟。翠鸟喜欢栖息在水流清澈的河溪、湖泊以及灌溉渠等水域，于是 Gabriella 以蜿蜒透明的飘带代表翠鸟相遇缠绵片刻后栖身的大海波浪，将其缠绕在佩戴者的腰间、颈部、脚下、腕间、背部……以透明轻盈之感体现爱情的纯真与纯粹（图8~图13）。

思考与行动：

透明塑料材质在设计领域中的运用越来越广泛，主要是由于其具有抗腐蚀能力强，不与酸碱反应，绝缘，防水，质地较轻，有较好的透光性，可经过高温加热塑造成不同形状，制造成本低等特性。在配饰设计领域常用的透明塑料材质有 PMMA（聚甲基丙烯酸甲酯）、PS（聚苯乙烯）、PC（聚碳酸酯）、PVC（聚氯乙烯）等。不同材质之间的物理及化学性能会有些许差异，在使用时一定要根据设计需求选择合适的表达材质（图14）。

请以某种透明塑料材质为原材料，尝试动手制作一款个性的"透明"首饰。

图14

吹出来的艺术

吹制玻璃技术可以追溯到5000年前，在古代常用于仿制珍稀珠宝，流传于贵族阶层。玻璃吹制工艺是制作玻璃器皿常用的工艺之一，可以吹制出任何想要的艺术造型。具体制作方法是吹制工手持一条长约1.5m的空心铁管，一端从熔炉中蘸取玻璃液，一端用嘴吹，形成玻璃泡，既可以在模中吹成制品，也可以无模自由吹制。然后将吹制完成的玻璃制品从吹管上敲落，使其冷却成型即可。这种工艺劳动强度高，难度大，但其能历经千年而不衰主要是由于生产这类制品的灵活性大、艺术性高，迄今为止仍不失为玻璃工业中的一种重要成型方法。

Tom Moore（汤姆·摩尔）可以说是澳大利亚最幽默、最杰出的玻璃艺术家。这位外表看上去略显彪悍的大叔其实有着一颗童话般的"玻璃心"。Tom 毕业于Canberra School（堪培拉艺术学校）玻璃艺术专业，之后一直从事玻璃艺术至今，不断探索玻璃的可创造性与艺术价值，可谓玻璃艺术领域的"资深专家"。他用玻璃吹制工艺创作出大量千奇百怪的生物，这些作品个个造型奇特，甚至分不清是动物还是植物，有的植物身上长了眼，而动物头上却长了草，极具趣味性，仿佛进入到一个奇幻的魔法世界（图1~图5）。

图1

图2

图3

图4

图5

Tom Moore设计作品

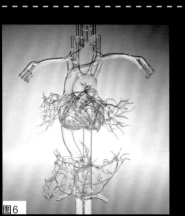

图6

手工吹制玻璃的技巧有以下三点：（1）匀料时要均匀。烧热的玻璃液在各部分的匀称分布主要看吹制铁管的旋转速度是否得当，旋转速度过快或过慢都会造成制品局部厚薄不均。（2）吹气时间与吹气量要恰到好处。吹气过大会使制品端部过薄，尺寸偏大，反之会使端部过厚，尺寸偏小。所以吹匠掌握好吹气力量是保证制品尺寸的关键。（3）挑料重量每次应基本一致。吹制玻璃成型方法主要依靠手感与经验，如果每次挑料重量不一致的话，会导致最终成品顶端与底端厚薄有所差异。

这套名为《玻璃心》的装置是Gary Farlow（加里·法洛）及其"玻璃吹制小组"的雕刻师们所创作的（图6）。他们通过高温吹制的方式几乎可以将人体任意部分制作成这种透明模型。这些作品不仅具有美学与观赏价值，同时也是非常精确和直观的人体教学用具。

玻璃艺术家Ferran Collado（费兰·科拉多）和首饰设计师Rita（丽塔）联手创作了"N·3"系列玻璃材质吊坠（图7～图11）。该系列设计向古老的塔罗牌神话原型致敬，在吹制玻璃技术与首饰形态之间找到了契合点，将二者有机结合，创作出这一系列神秘的配饰。在创作过程中，工匠们吹制出多个异形玻璃瓶，有的圆润饱满，也有的上窄下宽呈现不规则形状，有的透明无瑕，有的被施以颜色，每个瓶子都呈现出不同的艺术效果。接着Rita用钻石、宝石以及金属链在这些器皿上进行装饰，为其光滑圆润的表面增添了些许肌理感与细节感，同时提升了整体作品的精致程度与耐看性。这系列作品实现了艺术与创意的两重性：一方面是经典的传统工艺，另一方面是极具设计感的现代创意理念。这种独特的创新产品为观者带来了全新审美视角。

每一只手工吹制玻璃制品都是独一无二的，蕴含着匠人精湛的技艺与精雕细琢之功。如果仔细端详，就会发现哪怕是同一时期同一款式的玻璃制品，其中任意两件都会有些许不同，这便是手工艺独有的艺术魅力。这样看来，手工吹制玻璃品的生命感油然而生。

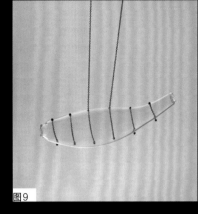

图9

图10

图7

图8

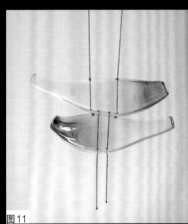

图11

Ferran Collado和Rita设计作品

思考与行动：

美国玻璃艺术家Zivarly（齐瓦利）用吹制玻璃技术制作了一系列炫彩首饰，把古老的工艺推入时尚界，将轻盈的玻璃制品打造成一道梦幻灵动的首饰风景线。细腻诱人的色彩仿若气泡般梦幻朦胧、轻盈灵动，其内部的线性及条纹肌理也为整体效果增添了时尚感（图12、图13）。

请查阅相关资料，进一步了解吹制玻璃技术的制作方法及用途，并尝试构思一款以玻璃吹制工艺为主，同时辅以其他装饰手法的创意配饰设计，写一篇不少于1000字的设计说明。

图12

图13

电子元件大变身

随着世界经济的发展，资源浪费、环境污染等问题随之而来。因此，如何保护环境、减少资源的浪费变得刻不容缓，绿色化可持续发展也成为人人关注的内容。在珠宝首饰设计中合理运用绿色设计理念，既符合当前社会发展趋势，也是落实绿色发展的重要途径。绿色设计源于人们对于环境污染和生态破坏的反思，体现了设计师的道德和社会责任

图1

心的回归。"3R"原则（Reduce、Recycle、Reuse）是绿色设计的核心，即要尽量减少物质和能源的消耗、减少有害物质的排放，而且要使产品及零部件能够方便地分类回收并再生循环或重新利用。来自希腊的平面设计师和珠宝制作商Galini Scarlatou（加里尼·斯卡拉图）是绿色设计理念的拥护者。生活中废弃不再被使用的电器或电子设备，如冰箱、电视、计算机、手机等的零部件中多半含有铅、汞等重金属，若直接丢弃或焚烧都会对环境和人体造成极大危害。因此，Galini Scarlatou长期坚持将它们进行回收。在拥有了各种各样的零件材料后，她开始发挥自己的巧思妙想，将这些废旧零部件通过重新组合、打磨、钻孔、缠绕等方式，最终制成一系列既特别又精致的"废物饰品"（图1~图7），给这些看似没用的"垃圾"来了个梦幻的变身。

图2

图3

图4

图5

图6

图7

Galini Scarlatou 设计作品

图8

废旧物品的再造原则如下：（1）经济原则。废旧物品再造时，应减少再造设计的经济代价，做好成本控制工作。（2）安全原则。由于废旧物在回收过程中存有一定的卫生安全隐患，因此必须在保证安全的前提下进行再造设计。（3）美观原则。设计再造过程中，应充分了解主流的审美情趣，由此实现废旧产品再生的审美价值。（4）实用原则。从功能的延展性出发，废旧物品可以发挥原来的功能，同时也可以通过与其他材料的结合，从而获得新功能。来自英国女艺术家Julie Alice Chappell（朱丽·艾丽丝·夏珀乐）使用废旧的电路板和电子元器件制作成巨型蓝翼飞虫（图8）。在该作品中，设计师遵循形式美原则，将原本不起眼的电路板和零部件制成具有漂亮外观的昆虫造型，赋予其更多审美功能。

目前，我国对废旧物的回收机制尚待完善，对废旧资源的利用也相对单一。现有废旧材料的处理方式大多都是利用再生技术、化学裂解和焚烧回收等技术进行"回炉重造"。但这种方式费时费力，而且经济效益不高，并且重塑的过程本身也在消耗资源，容易产生新的浪费。为了提倡节能环保，充分利用资源，一些设计爱好者开始尝试把废旧物品进行改造利用。通过对废旧物不同特性和功能的了解，对其进行再造加工，并最大限度地让这些废旧材料物尽其用，做出新颖、漂亮、实用的再造产品，可谓重新赋予废旧材料以新的灵魂，使其重获新生。

充满创意的艺术家Tomislav Zidar（托米斯拉夫·奇达尔）是乐高组装模型的资深玩家。一次偶然的机会，他从废弃的电子零件中得到灵感，并尝试将它们组合起来变成小型机器人。此后，Tomislav Zidar开始收集各种废旧的电子零件，如从电器上拆下来的电极管、电线、螺丝、电路板等，并将它们统统组装成一个个小机器人或外星生物，然后用环氧树脂将它们胶合封存，再配上指环、链条或胸针扣，便制成了一件件趣味十足的机器人饰品（图9~图15）。

图9

图10

图11

图12

图13

图14

图15

Tomislav Zidar 设计作品

思考与行动：

如何利用生活中产生的各种废旧材料制作成美观、实用、低碳的DIY手工制品是眼下论坛与微博中热门的话题之一。一对外国夫妇Jaroslav（雅罗斯拉夫）和Natalka（娜塔卡）以家里的各种旧电路板、电子零件为材料，运用镶嵌等工艺将其改造成首饰，获得众多网友的称赞（图16、图17）。可见绿色设计并非设计师的专属任务。事实上，人人都可以为绿色环保贡献一份力量。

请寻找生活中的废弃电子材料，尝试用它们拆分重构做出一系列与众不同的首饰设计，并针对绿色设计理念提出自己的见解，写一篇不少于2000的论文。

图16

图17

第五节 废旧重生 | 重生的牛仔布

工业革命之后，人类科技开始快速发展。人类在享受科技带来的方便之余，也为破坏环境付出了代价。在这种情况之下，再设计的理念应运而生。所谓"再设计"即把日常生活中的物品，根据其特点进行重新设计，要求所设计出来的作品与原有物品样态完全不同，并且要重视人文与生态之间的平衡关系，从而提升物品的使用价值。

牛仔服装源于美国文化中具有代表性的西部牛仔形象，它具有良好的耐磨性，以穿着便利和舒适等特点风靡全球，具有巨大的消费市场。与此同时，废旧牛仔服装的数量也是不容忽视的。废旧牛仔服装大致可分为以下两类：一是那些被穿过，但仍具有使用功能的服装，则这类服装属于通常所说的"旧衣服""二手服装"；二是该服装本身由于过度破损，已无法继续发挥其使用价值。总体而言，废旧牛仔服装具有不同程度的褪色、破损、款式过时等特点。若能根据其特点进行回收再利用，在一定程度上来说，可以为节约能源做出一定的贡献，同时也体现了再设计的理念。别出心裁的现代设计师们根据牛仔服自身的材质和结构特点，将废旧的牛仔服装进行分解再设计后，形成新物品（图1~图7）。这实际上是以另一种形式延长了该产品的使用寿命，既体现了可持续设计的思想，同时也为人们的生活带来更多的创意与惊喜。

图1

图2

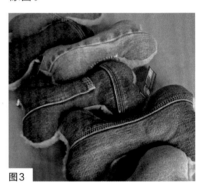

图3

图4

图5

图6

图7

图8

废旧牛仔服装二次设计的方法：（1）结构改造。它包含面料变形设计和面料破坏性设计。其中，面料变形设计指改变旧服装面料的外观造型，但是并不破坏该服装面料的基本结构，着重体现原面料所带来的艺术效果。（2）肌理改造。通过水洗、打磨、叠加和拼接等方法改变面料的肌理，由此改变服装的整体艺术效果。（3）添加其他材料。在对废旧服装进行二次设计的过程中同样也可以通过添加涂鸦、铆钉、装饰性的纽扣和拉链、补丁等细节来进行修改，力求迎合消费者的需求，增加服装的时尚感。知名运动品牌Converse（匡威）在其推出的Renew（再生）牛仔拼接系列中，制鞋的原材料源于被回收的废旧牛仔裤，通过结构改造的方式，运用裁剪加工，进而打造出独一无二的牛仔鞋面，同时宣扬了环保主题（图8）。

对废旧牛仔服装进行再设计的过程中往往会受到这种材质本身性能的制约。由于牛仔面料本身粗糙厚重的质感，使其无法像其他面料一样做出飘逸的效果，但它本身具有其他面料所不可能比拟的沧桑感和怀旧感，能做出具有复古风格的作品。出生于英

图9

国的瑞典艺术家Ian Berry（伊恩·贝瑞）是利用牛仔布作画的新锐艺术家。起初，在他大学毕业回家时，其母亲想将他的一大堆破旧牛仔裤丢弃，但Ian Berry觉得这既不环保也很浪费资源，于是开始踏上了他的牛仔画作创作之路。乍看之下，Ian Berry的作品就像蓝调油画，如果不近距离观察，你很难发现这些画作其实是由不同色调的牛仔面料制成的。在其画作中，靛蓝的高对比度和渐变造成深邃的光影，形成逼真的视觉效果。Ian Berry擅长在日常生活中捕捉城市人孤独的瞬间，并在其画作中以牛仔布展现人们司空见惯的日常场景。若想通过不同颜色深浅和质感的布块，营造出逼真立体的效果，牛

仔面料的选择至关重要。Ian Berry的画作没有任何烧制、漂白剂和涂绘，他仅仅靠着胶水、剪刀和牛仔裤便完成了这些伟大的画作（图9～图11）。在巴西著名赛车手埃尔顿·塞纳（Ayrton Senna）逝世20周年的时候，Ian Berryy与埃尔顿·塞纳研究所合作，用牛仔裤创作了埃尔顿·塞纳的肖像。在该画作中牛仔布块的选择和剪裁堪称完美，从头发的质感可以看出来效果非常逼真。更有意义的是，这件作品所使用的牛仔裤，全是埃尔顿·塞纳家族成员穿过的废旧牛仔裤。通过回收这些废旧的牛仔裤，利用艺术手法进行创作，从而使埃尔顿与亲人们之间再次紧密相连。

图10

图11

Ian Berry 设计作品

思考与行动：

　　Towards a New Matter（新数学奖）是一个以材料为基础的研究项目。在这个项目中，设计师借助回收再生技术将废旧的牛仔面料转变为一种轻质吸音板材料。这种制造工艺将回收的牛仔面料转变为可模块化扩展的部件，它们可以作为空间分隔结构安装在建筑内，或者根据客户的需求在房间内划分出新空间（图12、图13）。

　　请查找资料，就再生技术展开调查，并在此基础上，尝试运用该技术提出废旧牛仔服装再造的更多构想，写一篇不少于2000字的论文。

图12

图13

第五节
废旧重生｜旧木的盛典

唐代韩愈在其文《送张道士》中提到："大匠无弃材，寻尺各有施。"意思是说技艺高超的工匠不会扔掉任何材料，因为材料无论好坏都有其用武之地，所谓的"废旧材料"，其实只不过是人们还未发现其价值。此外，若能通过现代设计实践展现出废旧材料的艺术性，颠覆人们对其原有的认识，这样的改变在某种程度上也证明了现代设计的成功。废旧木材在我国属于常见的物料。近年来，随着我国经济的蓬勃发展，在家居业、建筑业等领域中都出现了大量木材废弃物。木材属于可再生和循环利用的材料，而且它易于加工，具有足够的强度、化学稳定性、良好的韧性，还具有一定的自然美观性。若能将其回收利用、提高它们的利用率，这对缓解我国木材供需矛盾和促进绿色可持续发展具有重要意义。

与传统的首饰制作材料如金属、宝石相比，木材最大的优点在于轻巧，适合人们长时间佩戴。现代首饰设计师们将回收的木材进行清洁处理后，根据木材本身的特性开始进行创意设计。因木材本身具有优美的色泽和纹理，在创作过程中，不少设计师会保留该木材的天然特色，进而多在造型方面下功夫。经过切割、打磨、抛光等工艺的处理，原本的木材被弯曲、排列、堆叠，最终形成了丰富多样的木制饰品。这些饰品同时具有一种内敛、质朴的风格，令人不由得想起大自然（图1～图6）。

图1

图2

图3

图4

图5

图6

图7

木材的加工方法多种多样，包括雕刻、切割、弯曲、拼接等。木材的表面可以使用褪色、上漆、镀金，或是抛光、挖凿、钻孔，甚至是火烧的方式来进行装饰处理。意大利公司WeWood（韦伍德）设计了一组美观复古的木头手表。每款手表都使用了精雕工艺进行装饰处理，其表面清晰可见木材天然的纹理和雕刻出来的精致logo（商标）。经过不同的上色及抛光处理后，使这些手表具有不同的颜款，以供不同的人群选择。每款Chunky-chic（厚重别致）木制手表使用的木头中都包含了废旧回收的木材及可再生木材，它们都可回收、可降解且不含有毒化学物质。WeWood木材公司通过这种方式旨在宣扬绿色可持续的设计理念。

图8

图9

图10　图11　图12

Maria Cristina Bellucci设计作品

　　将木材作为首饰制作材料时，首先要明确其本身的特性。这些特质包括硬度、密度、韧性、纹理、颜色及轮廓。熟悉这些特质，可以帮助设计师发掘新的创作灵感，设计出更优良的木制首饰。单一使用的木头材质往往给人一种简洁、干净的感觉，而随着现当代设计多元化的发展，木材质首饰设计逐渐呈现出色彩、材料、工艺及造型多元化的特点。意大利设计师Maria Cristina Bellucci（玛利亚·克里斯蒂娜·贝鲁奇）根据回收的废弃彩铅展开创意设计。彩铅的组成材质主要为木质笔杆和石墨笔芯。Maria从材料循环再利用的设计理念出发，将废旧的彩色铅笔截断后，进行重新色彩搭配，并利用黏合、雕刻及打磨等工艺，让彩色的笔芯部分恰到好处地露在外面，最后利用银材质进行组合连接，从而制作出了独一无二的彩木首饰。木制笔杆的低调质朴与明艳多彩的石墨芯糅合在一起，犹如一场木材的盛典，形成了斑斓有趣的视觉效果（图8~图12）。以废旧彩铅为原料，经过设计师的巧妙构思进行设计重造，最终变废为宝，体现出了"低碳、绿色、环保"的新生活理念。

思考与行动：

　　厚实的木材居然能做成像柔软的织物一样带状配饰？两位来自美国年轻人David（戴维）及Chris（克里斯）设计了一款有趣的木头领带（图13）。他们采用从工厂回收的废旧木头，将木头切割分解、打磨，然后上漆，接着再利用弹性线将这些块状木头拼接起来。在该设计中，领带的领口为具有记忆功能的松紧式设计，只要穿戴者在第一次使用时调整好符合自己的长度，往后便可直接佩戴。这款木头领带看似很重，但实际重量不到100g，非常轻巧。

　　请根据木材的特质，思考并设计一组创意配饰，可以是帽子、手镯、项饰等。要求充分发挥木材本身的特性，并运用合适的工艺，使之成型。

图13

第五节
废旧重生 | 再生纸

我国自古代便发明了纸，距今已有上千年的历史。在现代日常生活中，纸也早已成为人们必不可少的用品。尽管随着互联网技术的提高和电子书的推广，纸的使用相比以前有所下降，但现实中人们对纸依然具有很大使用需求。也因此，大量废旧纸依然无法得到合理处置。为尝试解决该问题，再生纸技术应运而生。再生纸是一种以废纸为原料，经过加工后重新生产出来的纸张。它既可以正常使用，同时制作成本低廉、环保低碳。在全世界日益提倡环保思想的今天，使用再生纸是一个深得人心的举措。在很多发达国家，使用再生纸已成为时尚。人们甚至以出示用再生纸印造的名片为荣，由此来表明自己的环境意识和文明教养。目前我国已经开始高度重视再生纸的制作和使用推广。

生活在伦敦的泰国设计师Natchar Sawatdichai（纳沙·莎娃蒂查）利用再生纸张设计了一系列新型环保的百叶窗，它们不仅有多种图案以供选择，还可以调节长度。Natchar在该设计中通过对再生纸的可塑性特点的掌握，运用镂空和折叠等方法将其进行加工处理，使之形成富于变化的肌理表面。低明度色调的使用，更为这些窗帘增添一份雅致和深邃（图1~图5）。

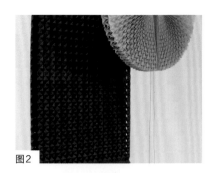

图2

图3

图4

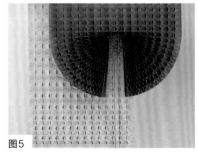

图5

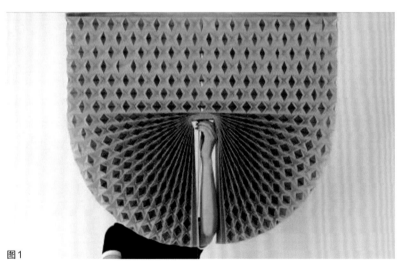

图1

图6

图7

纸是一种平面材料，利用其可塑性进行造型加工的方法主要有以下几种：（1）折叠。经过折叠后纸能形成立体造型，并具有体积感强、明暗对比强烈的视觉特点。（2）切割。通过裁切和分割，能使纸材之间产生断、联、透、镂的视觉效果，从而产生丰富立体形态，能增加纸造型的层次感和空间感。（3）弯曲。纸具有一定的韧性，能弯曲表现造型的明暗，展现材质的曲面美。（4）粘贴。纸张经过层层粘贴，会呈现出规律性的变化，体现丰富的肌理效果。阿根廷艺术家Patricia Alvarez（帕特里夏·阿尔瓦雷斯）以再生纸为材料设计了一组创意配饰。通过用粘贴、弯曲、折叠等加工手法将使片状再生纸形成多层次肌理造型，并获得体积感，形成一组富有造型张力的配饰作品（图6、图7）。

原浆纸是指由植物纤维组成，经过压榨、干燥等工序处理后制成的可使用片状物。再生纸则是以使用过的废弃原浆纸作为原料，把原料打碎再去色，研磨成浆，经过多重工序最终成型。再生纸相对于原浆纸不但节约能源，而且因为是环保再生纸，所以色泽上偏黄，更有利于视力的保护。在材质上，纸质的材料都相对轻薄、容易损坏，但是通过各种造型手段的加工之后，纸质材料便可以变得硬挺、韧实，并具有一定的体积感。此外，纸质材料还可以通过与金属、玻璃、塑料等工业制品，以及砂石、木头等自然材料进行有机结合，从而制成更加具有表现力的造型作品。

印度设计师Devi Chand（戴薇·查德）钟情于使用各种再生材质开发出新的设计作品，旨在以再生材质来代替传统的珠宝材料。其作品的材质大多为再生纸，同时还采用各种纤维、纱线、黏土等材料一起制成生态环保首饰。在工艺上，Devi Chand主要通过螺旋卷曲的方式将再生纸进行变形加工，使之形成圆锥状的单体造型，并将这些单体组合起来形成富有节奏感的项饰作品。从整体上看，这些项饰作品总是充满了明亮的色彩和丰富斑斓的纹样，仿佛不经意间便令人想起了儿时装饰圣诞树的那份喜悦（图8~图13）。

图8　图9　图10

图11　图12　图13

Devi Chand设计作品

思考与行动：

艺术创作的材料并无贵贱之分，更重要的是对于艺术的发现。一张平凡无奇的再生纸能做出什么样的好产品呢？英国设计师Duncan Shotton（邓肯·肖顿）根据再生纸的肌理特性展开思考，并以自然界中的彩虹为灵感，设计出一款彩虹铅笔（图14）。这些铅笔全由再生纸制作而成，既具有环保性，又给生活带来了更多美好。

请利用图书和网络资源对再生纸的特性进行深入调查，写一篇不少于1000字的调研报告，并选择合理的加工工艺，以再生纸为原材料设计一款创意配饰，要求具备一定的审美性和实用性。

图14

第三章
工艺与突破

图1

图2

随着科技的发展，当代首饰制作工艺主要分为以下几类，铸造工艺、锻造工艺、镶嵌工艺、焊接工艺、冲压工艺等。如果说设计体现的是设计师的理念与精神，材料是承载精神的载体，那工艺就是链接精神与载体的桥梁。对于首饰设计师而言，也应掌握一些基本工艺知识，这样在前期构思阶段便可大致得知这些材料的拼凑与组合加上特殊工艺技法是否能达到预期效果等，既减小了设计的误差，又提高了设计师与工匠师的双向效率。

镶嵌工艺是制作珠宝首饰的一种常用工艺，大部分金属与宝石结合时，都需要采用镶嵌工艺固定宝石，使其呈现出秩序性的璀璨美感。如果没有精湛的工艺，宝石则无法"安家

落户"。为了让珠宝能够成为精美的艺术品，数百年来一代代工匠师创造了许多珠宝镶嵌方法。常用的镶嵌工艺有爪镶、包镶、卡镶、无边镶、微镶等。爪镶是用较长的金属爪紧紧抓住钻石，这种镶嵌方式很少遮挡钻石，能清晰呈现出宝石的美感，并有利于光线从不同角度射入与反射，尽显珠宝风华，一般分为三爪镶、四爪镶和六爪镶；包镶是将宝石包裹在金属托内，是最为稳固和传统的镶嵌方式，常见于素面宝石的镶嵌；卡镶则利用金属的张力固定宝石腰部，但由于固定位置十分有限，受力点较小，容易造成宝石不稳固；无边镶又称"隐秘式轨道镶"，是一种宝石与宝石之间没有金属焊接的镶石工艺，当俯视作品时，镶口被隐藏，完全看不到凹槽的痕迹；微镶需在40倍显微镜下完成，这种技法镶嵌而成的宝石仿佛形成了一个闪闪发光的平面。由此可见，不同镶嵌技法呈现出的美与感受是不同的（图1~图5）。

图3

图4

图5

图6

一件镶嵌式珠宝的美丽及牢固性，取决于三个方面：一是造型，二是色彩搭配，三是镶嵌工艺。造型与色彩搭配均属于艺术设计范畴，而镶嵌工艺既是美的要素，也涉及首饰牢固性。如果说首饰经珠宝技师的巧手打造成型，那么在镶嵌师的手中，它们便被赋予了灵动的生命（图6）。镶嵌师要对各类宝石有全面的认识，包括不同宝石的色泽、硬度、切割手法、受力程度等，同时还要熟练掌握各种镶嵌工艺，综合运用专业知识才能契合设计师的创作理念，才能应对不同顾客的各种需求。

图7

图8

图9

图10

图11

图12

　　珠宝首饰设计要以珠宝的种类、特性及对珠宝镶嵌工艺材质的了解和认识为出发点，只有很好地利用珠宝本身材质属性，辅以精湛工艺，并结合当下流行元素才能使整件作品具有时尚感与装饰美感。而珠宝首饰镶嵌工艺技师在保证精益求精的基础上，还要了解珠宝首饰设计师所想要体现的内心情感与设计理念，以便更好地突出设计质感与本身工艺技术的精湛性，让珠宝首饰镶嵌工艺从传统的"加工手法"变到具备现代意识的珠宝首饰镶嵌"加工技艺"，从而更好地展现作品本身的时代特征与艺术魅力。

　　创意首饰设计可分为具象与抽象两种。具象首饰设计灵感主要来自对自然界各种动植物形态的模拟和借鉴，再巧妙地借以贵金属首饰加工制作技法，创造出一件件源于自然的首饰作品。抽象造型主要来自各种二维或三维几何构成形态，主要采用各种直线、光滑曲线和曲面等作为设计元素，因此通常运用轨道镶嵌来突出款式的简洁与流畅感，是现代首饰创意设计的基本手法。将这些具象或抽象的造型元素与各种不同贵金属首饰镶嵌技法完美结合，便可以创作出无数精美的首饰设计作品（图7～图12）。

思考与行动：

　　设计师在进行创作前，首先会在脑海中进行构思，根据自己的设计理念考虑运用何种材质的宝石、何种镶嵌工艺、搭配何种配石等。大多数珠宝设计都不免会用到镶嵌工艺（图13、图14），而同样的原材料采用不同镶嵌工艺所呈现的视觉效果也是截然不同的。这就要求设计师们在制作过程中不断实践与试验，熟练掌握每种镶嵌工艺的特色。

　　请任选一种镶嵌工艺分析其工艺特色，并尝试用这种工艺制作一

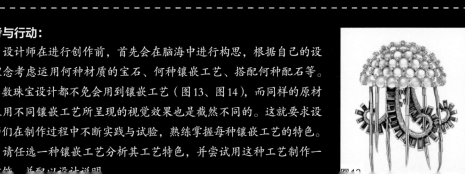

第一节
"镶嵌"求最值 | 隐秘也奢华

镶嵌工艺中最常运用的镶嵌方式是爪镶，但缺点是其固定宝石用的"小爪子"让宝石之间的缝隙变得非常明显，故而使得设计也受到一定局限。为克服这种局限性，最大限度地还原花朵、动物完整形态，著名珠宝品牌Van Cleef & Arpels（梵克雅宝）研发出了一种"隐秘式镶嵌"，并于1933年为这种工艺注册了专利。隐秘式镶嵌，又被称为无边镶嵌，可以让宝石紧密地排列在一起而不露出任何金属镶爪，宝石的光彩可以被展现得淋漓尽致（图1～图5）。

自此之后，这项复杂又精湛的工艺便成了梵克雅宝品牌的"独门秘籍"。隐秘式镶嵌工艺极为复杂，想要掌握这本秘籍并不容易，关键在于那些安置钻石的细小金属网格。在制作过程中，将用特殊工艺切割过的名贵宝石逐颗镶嵌至

金属网格底托中，彼此排列，互相映衬。但并不是所有宝石都适合采用隐秘式镶嵌法，此种工法需要考虑到宝石本身的物理性质能否符合刻出沟槽的条件，还要考虑宝石的韧度，韧度较低的宝石也不适用隐秘式镶嵌。此外，这项工艺十分费力耗时，就算是制作一枚小巧的胸针也需要花费至少300个小时。由于这项工艺对首饰制作人的专业素养要求很高，并且制作过程极为繁复，所以梵克雅宝每年只会制作几件隐秘式镶嵌的珠宝首饰。正因为如此，隐秘式镶嵌首饰作品才更显珍贵与难得。

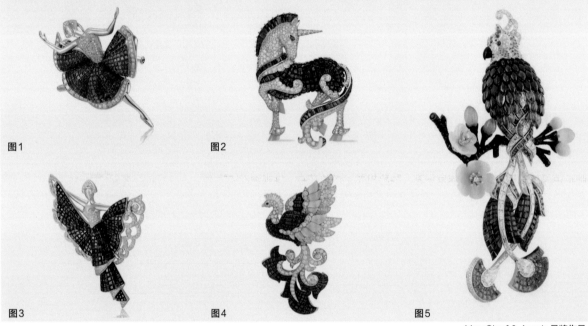

图1　图2

图3　图4　图5

Van Cleef & Arpels 品牌作品

图6

隐秘式镶嵌工艺流程：（1）选择合适的配石。采用无边镶的宝石都是平整无缝对接，所以配石的好坏直接影响最终呈现效果，宝石的长宽比例、厚度、颜色必须一致或接近，差异应控制在0.05mm以内。（2）车坑打磨。在宝石的腰边下方磨一道细小的凹槽，要求每颗宝石的凹槽高低与深度要保持一致。车坑不良会带来纵横线不顺、宝石倾斜、高低不平、后期脱落等麻烦。（3）镶座雕刻。为了避开镶爪及其他传统镶嵌的限制，隐秘式镶嵌法使用以黄金或白金"细线"所组成的方格为镶座，每个方格的直径不到0.2cm。（4）镶嵌。将已经车好坑的宝石嵌入镶座，利用底座纵线凹槽的上面部分和宝石凹槽相卡（图6），然后再用细针和小铁锤轻轻敲打直至宝石不再松动即完成。

图7

图8

图11

图9

图10

图12

Van Cleef & Arpels（梵克雅宝）最近推出了 *Le Secret*（《隐秘》）高级珠宝系列作品。在自然主题的作品中，设计师运用了各种旋转或可拆卸的微型机关来呈现自然生灵的姿态——棕榈叶中隐藏的瓢虫，花朵中休憩的蝴蝶，鹦鹉翅膀下的幼鸟，这样充满生机的场景成为宝石之外更引人入胜的点睛之处。在制作工艺上，整个系列充分运用各种镶嵌工艺，并结合其品牌特色隐秘式镶嵌，呈现迷宫图案、隐秘机关、绽放花卉、蝴蝶隐没的裙摆等，创造出一件件让人看不够的珠宝作品（图7~图13）。闪闪发亮、色彩斑斓的宝石遍布首饰表面，体现了重工的高级奢华感，也凸显出设计师的匠心精神。同时，颜色的搭配清新淡雅，给人以仿佛置身梦境的虚幻美感。

在艺术创作中，设计师往往以生活中的感受与体验为灵感，以镶嵌拼贴、重复组合等设计形式来表现空间的混合效果和视觉体验，增强了作品的艺术表现张力。

图13

Van Cleef & Arpels 品牌作品

思考与行动：

世界著名钟表品牌Vacheron Constantin（江诗丹顿）曾推出过两款Malte（马耳他）腕表。与其说是腕表，倒不如说是精致的高级珠宝或艺术品。江诗丹顿此次采用全手工隐秘式镶嵌技术，向最珍贵的艺术工艺美学致敬。整个表身及表盘镶满了长方形切割钻，可谓是对钻石镶嵌技术的巨大挑战。尽管他们呈现弧形轮廓，但依旧棱角分明、线条井然有序（图14）。

请继续探索隐秘式镶嵌的技法与艺术特色，尝试运用这种工艺，构思并制作一款配饰设计。

图14

第一节 "镶嵌"求最值 | 奇幻马赛克

马赛克是近现代才有的艺术形式？不，马赛克技术最早起源于美索不达米亚，被应用于壁画墙面装饰，距今已有5000年的历史，它几乎是伴随着艺术史的产生而诞生的。马赛克的英文是"mosaic"，意思是值得静思，需要耐心的艺术工作。马赛镶嵌一般指用各种颜色的小块材料，如石块、矿石、玻璃、磁片、贝壳等紧密地拼集成各种图案的装饰艺术，在装饰过程中所用的材料均被称为"马赛克"。马赛克材料本身是不能构成

马赛克艺术作品的，只有当多个马赛克块拼在一起的时候，经过严密的排列组合，才能构成一幅完整的马赛克作品。马赛克材质通常质地坚硬、抗火抗腐蚀，不怕损坏，这也是历史上许多马赛克作品在经历多次战乱和火灾后仍可以保留下来的重要原因。

意大利拉维纳被誉为"马赛克之城"，而城中最著名的马赛克莫过于Basilica of San Vitale（圣维塔教堂）的装饰画，大约作于公元540年。其中尤以《东罗马帝国狄奥多拉

皇后及其随从》和《东罗马帝国查士丁尼一世大帝及其随从》最为著名。画面中无数小块拼凑成栩栩如生的人物形象，甚至连衣纹的松垂质感都体现得淋漓尽致（图1～图4）。

图1

图2

图3

图4

图5

著名珠宝品牌Cartier（卡地亚）多以动物与植物为灵感来源。这次又推出了一个6只表的大师系列，其中表盘为海龟图案的腕表最能展现制表工艺大师的精湛技艺。这枚表盘共由1000多块马赛克宝石拼贴而成。在制作过程中，手工匠人首先将缟玛瑙、虎眼石、鹰眼石、黄玛瑙、珊瑚及珍珠母贝等多种天然宝石打磨、切割成厚度为0.4mm的方形小块，然后根据颜色将它们进行合理设计与摆放，最终拼贴出极具装饰意味的海龟图案。由于表盘背景图案已经够复杂了，所以这款腕表再没有其他装饰，表盘刻度上也只有时针与分针（图5）。

图6

Sicis 公司作品

　　马赛克镶嵌艺术具有较强的细节改造性与适应性，在大小、形状上能适应主题要求并深化和丰富所塑造形象。它可以镶嵌于任何物体上，不用考虑被嵌物体的形状，无论平面、立体或形状扭曲的物体，它都能很好地随形进行装饰。此外，马赛克镶嵌艺术还具有空间混合的特殊效果，当人们远看马赛克艺术作品时会觉得组成色块的各个器料颜色都保持着高调的统一，但是当走近了看的时候，会发现每个构成整体色块的器料颜色通常都是不一样的。这种绝妙的视觉盛宴也是马赛克艺术为什么如此吸引人的重要原因之一。

　　1987年成立的Sicis（席希思公司）是意大利优秀的马赛克瓷砖生产商，以鬼斧神工著称，将精细的人物花鸟和历史题材演绎得淋漓尽致（图6）。该公司认为马赛克不仅仅是建筑装饰，而是能够表达情感的工具。于是Sicis尊崇了这种传统的灵感，并从当代创新角度出发，重新解读了马赛克艺术。2013年，Sicis将这种设计理念拓展到珠宝领域，创作出了一系列不同凡响的首饰作品。该系列作品远看以为是刺绣首饰，近看却发现是由诸多参差不齐的细长条状马赛克小块组成。通过设计师精密的布置，让这些流连花间的蝴蝶、肆意绽放的花朵呈现出闪耀的光辉。

思考与行动：

　　运用马赛克微镶技术不仅可以更精密地镶嵌出图案，还能够提升作品的精密度。意大利珠宝品牌Sicis Jewels（西西里珠宝）推出了珐琅蕨叶珠宝系列，灵感来自世界上最古老的植物之一——蕨类。将细小的珐琅镶片铺排构成纤密的蕨叶，再搭配以色调明快的祖母绿来营造蓬勃的自然生机（图7）。

　　请查阅相关资料，进一步了解马赛克镶嵌技术，并思考这种技法的特殊性及局限性，撰写一篇不少于1000字的论文。

图7

满镶风情

满镶，又称为密镶，是让众多极微小的钻石大量"挤压"在一起，使整个视觉效果呈现出耀眼夺目的光彩，并且在表面看不到任何明显的金属爪。这种镶嵌手法更多适用于大块面的镶嵌，当需要在饰品上通过钻石表现一些具体图案时，便是满镶大显身手的时刻。满镶手法更能突出图案的装饰性与繁复的艺术效果，虽然没有单颗钻石那么珍贵，但却凝聚了能工巧匠们的心血与巧思。

1963年创立的 Judith Leiber（朱迪思·雷伯）是美国知名配饰品牌，以设计高级定制手袋而闻名于世。在 Judith 的作品中，世间万物仿佛都能为她所用，动物、食物、建筑、生活用品等，甚至传说故事中的阿拉丁神灯都可以作为她的灵感来源。这些作品有的时尚前卫，有的妙趣横生，有的复古雅致，有的简约大方。耀目的钻石与前卫时尚设计相结合，不论是立体造型手袋，还是精致的镶珠手提包，都堪称精美的艺术品。Judith 通过用微小的宝石、水晶、玛瑙、珍珠及贝壳等为手提袋造型及装饰，以成千上万颗五彩缤纷的闪耀钻石组成了一件件精美绝伦的包袋。极致细腻的满镶手法将包袋图案轮廓刻绘得尤为精致清晰，呈现出华丽非凡的视觉效果（图1）。想必买到这些豪华款式包包的主人会小心翼翼地将其捧在手心里吧，生怕稍不注意就会蹭掉一颗钻石，影响整体美观性。

图1

Judith Leiber 品牌作品

图2

意大利知名珠宝设计师 Roberto Coin（罗伯托·科因）的设计主要分为两大类，一类是极致奢华的珠宝，另一类则是趣味时尚的首饰。而其"动物王国"系列则巧妙地将两种风格完美结合，运用极致奢华的钻石打造出生动逼真的趣味动物形象（图2）。

该系列在造型上，抓住动物本身形态特征，形象逼真地刻画出霸气逼人的雄鹰、活泼机智的鹦鹉、昂首挺胸的公鸡、呆萌可爱的变色龙等，将动物形象运用到首饰设计中，十分富有趣味性。在工艺方面，每件珠宝都镶满了大量珍贵宝石，极具奢华，也正是由于通过不同颜色宝石的精美镶嵌、巧妙点缀，才使得动物形象栩栩如生。

图3

Fawaz Gruosi 设计作品

　　创立于瑞士日内瓦的高级珠宝腕表品牌 De Grisogono（德·克里斯可诺），其创始人兼总设计师 Fawaz Gruosi（法瓦士·葛罗奇）与无数迷恋巴洛克时期艺术风格的人们一样，从那个时期的经典绘画、雕塑、建筑、音乐和戏剧作品中不断地汲取创作灵感。Fawaz 不断创造和引领业界潮流，从大胆设计到顶尖工艺，一件件精雕细琢的珠宝作品堪比艺术品。Fawaz 从容驾驭绵密铺镶宝石之工艺，将每颗宝石的特色加倍提升；一流的多面宝石切割技术配合独特镶嵌技艺，将珠宝创意及工艺提升至更高境界，为其珠宝设计添加了与众不同的情感个性。此外，虽与 Judith Leiber（朱迪·思雷伯）同样在首饰表面嵌满钻石，但 Fawaz 的繁复钻石镶嵌更加注重作品整体呼吸感，在原石选择及排布上或大或小，或疏或密，使造型更加富有节奏感（图3）。

思考与行动：

　　澳大利亚珠宝品牌 Autore（奥特）的这一系列设计灵感来源于海洋，将海底生物搬到了它的设计中，有螃蟹、珊瑚、小鱼、贝壳、海螺等。其外表密密麻麻地嵌满了各式不同大小、色泽、材质的宝石，几乎看不到金属底托，再加以珍珠点缀，仿佛真的徜徉在海底般美妙（图4）。

　　请以某一海洋生物为灵感来源，尝试设计并制作一款满镶风情的首饰设计。

图4

悬浮魔法

20世纪60年代，德国工匠Friedrich Becker（弗里德里希·贝克尔）为著名珠宝品牌Niessing（尼斯）开发出了一种新型镶嵌方式。这种镶嵌方式摆脱平时爪镶、包镶、轨道镶等常规镶嵌法，利用金属的弹性张力，借宝石与金属面之间的两点接触让宝石"悬浮"于戒指上，毫无遮掩地展示宝石璀璨的光彩。这种神奇的镶嵌方式被称为"张力镶嵌"。

张力镶嵌在制作过程中，需要极其精准的测量，否则会出现宝石晃动或者无法卡入等情况；金属也不能使用一般的K金，须采用不同于一般比例的K金（如添加铂），并通过技术处理加强金属硬度，以增加镶嵌稳固性；在宝石的选择上，需挑选硬度较高的宝石才能承受张力镶嵌的压力，如钻石或刚玉。虽然张力镶工艺并不复杂，但时至今日世界上仍只有少数珠宝匠人能够完全掌握这一精湛技艺。

制作张力镶嵌珠宝的第一步，首先要将细金粒与其他合金金属融合，铸造出韧性较好的合金原料；第二步，重复在水中淬火消除贵金属结构中的分子张力；第三步，在贵金属板上铣削得到戒环锥形；第四步，使用专业工具将戒环撑开，将宝石放入其中，利用金属的自身张力及戒环上的微小凹槽将宝石牢牢固定住。最后，将已镶嵌好的戒指进行抛光与清洗，便得到了一枚闪亮神奇的张力镶嵌戒指。张力镶嵌让珠宝看起来简约前卫，不受任何束缚，并且能够将来自四面八方的光线大量吸引至钻石上，使得钻石本身的美与光芒尽情展现（图1~图8）。

图1

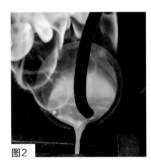
图2

图3

图4

图5

图6

图7

图8

图9

图10

使用张力镶嵌的优点在于能够较完整地凸显宝石的色彩与反光，并且极具趣味性与个性化。彩色钻石与宝石的镶嵌更增加了活泼青春的气息。这种突破创新的工艺方法为首饰镶嵌技术开辟了新的道路，注入了多元化的新鲜血液。当然，这种镶嵌方式也存在一定缺陷，就是戒壁较厚，甚至比普通戒指要厚十倍之多，对于手指比较纤细的人，佩戴这种戒指相当不舒服。不过要相信科学与技术的进步，在未来有一天一定会有较好的解决办法，即可以让珠宝"悬浮"在指间，又可以佩戴起来较为舒适（图9、图10）。

图11

图12

图13

Friedrich Becker（弗里德里希·贝克尔）是张力镶嵌的创始人。Friedrich早年航空工程师的经历给予了他独特的视角来审视珠宝艺术，并促使他将机械构造与首饰艺术设计相融合。德国金工协会为表彰Friedrich Becker在金工领域的杰出贡献，还设立了以他名字命名的"Friedrich Becker"奖项。之前在第一章中也提到过他发明了动力学珠宝，运用跨界思维将动力学与珠宝设计相结合，这次便来欣赏他所创造的张力镶嵌戒指。

Friedrich 为德国著名珠宝品牌Niessing（尼斯）设计了一系列张力戒指，这种镶嵌方法使得钻石仿佛悬浮于半空中（图11～图17）。张力镶嵌戒指通常没有过多的装饰，因为其独特的镶嵌技法就足以吸引观者眼球。其中有一组戒圈较粗的设计，中间镶卡了白色与黄色两颗钻石，当戒圈开合处平整时，两颗钻石各在两端，而当开合处改为曲线时，因为重力原因，黄色钻石顺势而下，与白色钻石挨到了一起，好似两个顽皮的小孩在嬉戏玩耍一般，十分有趣。人们在惊叹于特殊工艺的同时，也没有忘记品味设计师蕴藏于作品中的绝佳创意。

图14

图15

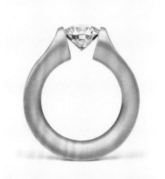

图16

图17

Friedrich Becker设计作品

思考与行动：

Wallace Chan（陈世英）是首位在德国宝石博物馆及北京首都博物馆举行个展的当代亚洲珠宝艺术家。他也曾设计过一款神奇的"悬浮珠宝"，没有运用任何珠宝镶嵌方式，而是利用两颗不同颜色的球形宝石之间互相产生的无形之力使其牢固地屹立于戒圈之上（图18）。不得不说这其实也是张力镶嵌的另一种巧用。

请思考张力镶嵌的运作原理，尝试想想还能通过什么方法可以使珠宝在视觉效果上"悬浮"在空中。

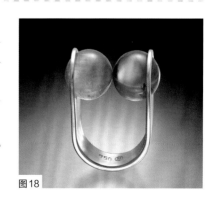

图18

第二节 光影雕刻 | 追光逐影

光是人们感知一切事物的根本，是大自然中的一股神秘力量，自古以来被古人所追崇和敬畏，因为光的存在，人们才能够感知物体的形态与质感，才得以感知时间变化、四季变迁、白昼交替。与光同生的，便是"影"。人们把光源能够照射到的地方称为"光"，光能使人们看清物体的"形"；光源照射不到的地方称为"影"，影能使人们看清物体的"态"。所以，光与影息息相关、密不可分，共同为人类构建出丰富的视觉感受。

光影形态早已在绘画、建筑、摄影艺术等领域广泛运用（图1～图6）。19世纪，法国印象派大师克劳德·莫奈的《日出·印象》就把光影效果表现到极致；中世纪教堂建筑中也不乏梦幻般的光影效果，当光线透过彩色玻璃投射到地面、墙面时，斑斓的光影若隐若现，使置身其中的人似乎真的能感受到来自天堂的温暖与静谧；我国非物质文化遗产皮影戏，也是由艺人在白色幕布后面操纵人物剪影，并通过灯光使故事情节投射到幕布上的一种民间表演形式；而光影在摄影作品中可谓起着决定性作用，光影的变化可以极好地诠释摄影师的内心情感，而光影的角度又丰富了作品的艺术性，比如恰到好处地自然光将一个小男孩的影子拉长呈现出仿佛具有无穷力量的巨人。

图1

图2

图3

图4

图5

图6

图7

光的照射方向根据光源与被照射物体之间的关系可分为顺光、侧光、逆光、顶光、平光等。顺光是指从物体正面照射，减弱了物体的立体感与质感，阴影面积较小；侧光指从物体侧面照射，与顺光相反，恰恰突出物体的立体感与质感，物体表面的凹凸肌理效果呈现出明确的阴影轮廓；逆光是从物体背面照射，使物体成为平面化剪影，强调物体外轮廓，营造出一种神秘的光影效果；顶光是从物体正上方照射下来，给人的视觉冲击最强烈；平光一般需要两个光源，主光与副光位于物体正前方等距处，或是左右斜前方处，由于照射向物体的光是等量的并且散射在物体表面，故而不会呈现出复杂的投影和明暗变化。由此可见，不同光线角度会反映出不同的色调与旨趣（图7）。

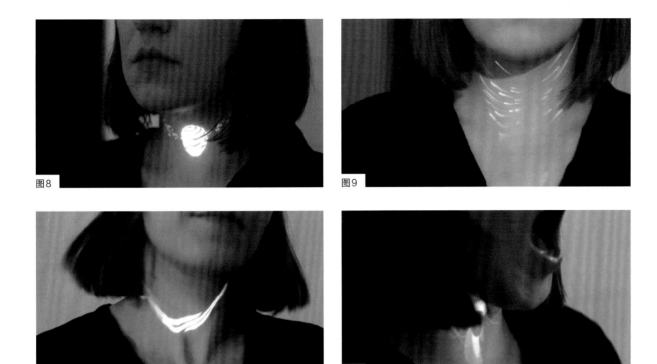

图8

图9

图10

图11

Pangenerator设计作品

不一定要看得见摸得着的材质才能被利用。打破对首饰固有形式的想象与认知，将光作为首饰设计的媒介又未尝不可呢？

波兰设计与艺术团体Pangenerator（潘芬伊瑞特）利用电子传输设备制造了一系列数字项链。这系列项链名为Neclumi（奈克鲁米），可在黑暗中发光。它是通过手机高清多媒体接口电缆与小型掌上投影仪连接，然后将投影仪投射出的光线显现到用户脖子上便形成奇幻的虚拟项链影像。使用时，用户只需将微型投影仪藏在衬衫领口内，并将其与智能手机相连接，通过Neclumi应用程序操纵投影仪工作即可。同时，佩戴者还可以通过手机上相关应用程序来调整产品投射大小、远近及样式，其内置陀螺仪也会随着佩戴者身体转动而不停运转，从而在佩戴者颈间制造出璀璨跃动的"宝石光芒"。

该数字项链共有四款不同样式，Roto（诺托）模式下的项链通过用户手机罗盘旋转而呈现出丝带状图案（图8）；Airo（艾罗）模式下的项链呈瀑布状，会随手机计步器显示的迈步速度而变化（图9）；而Movi（莫威）模式下的项链会根据用户肢体动作而呈流动线条状（图10）；最有意思的是Sono（索诺）模式，它会随着用户说话声调大小而呈现出动态太阳图案（图11）。

思考与行动：

这组20世纪90年代拍摄的香奈儿高级珠宝大片，借助光与影的对比，巧妙地将模特轮廓埋进阴影，致使观者的视线不由自主地全部聚焦到璀璨闪耀的珠宝上（图12）。不得不说摄影师这一妙招十分高级，巧用光影营造出强烈明暗关系，衬托出珠宝的华丽。

请选用几款不同风格的首饰，根据其特点与质感选用合适的光影拍照技法，分别为它们拍摄不同格调的质感大片。

图12

暗自发光

现代首饰艺术早就走出外加于身体表面的装饰阶段，致力于追求与人体更为亲密、可互动接触的形式与可能，光影效果是其重要的表现元素之一。设计师们既可以通过一些自发光材料使首饰自身呈现出光影变幻效果，也可以运用某些会反射、折射光线的材质来表现奇妙幻影，还可以通过镂空技术加以光线的辅助形成独特装饰等。首饰设计与光影艺术的结合，使首饰在人们肌肤表层完成无限精彩与变化纷呈的表演成为可能，由此产生了"光影首饰"这一全新形式。光影让首饰不再是孤立静止的物品，而成为一种可以诉说故事、有着无穷魅力的光幻载体，成为当下追求个性化的人们丰富自身体态语言的一种绝佳表现方式。

灯光艺术家Michael Taylor（迈克尔·泰勒）与时装设计师Erina Rashihara（埃里娜·纳什哈尔）合作拍摄了一组神奇的摄影作品。模特穿着的服装与佩戴的饰品均由发光材料制成，当模特在黑暗中随性舞动时，无数个闪光点连接在一起呈现出迷人的霓虹般线条。在摄影师拍照的一瞬间，模特轮廓被弱化，留下的只有舞动的装饰光线。空气中留存的彩色幻影在艺术与时尚之间架起了一座神秘的桥梁（图1）。

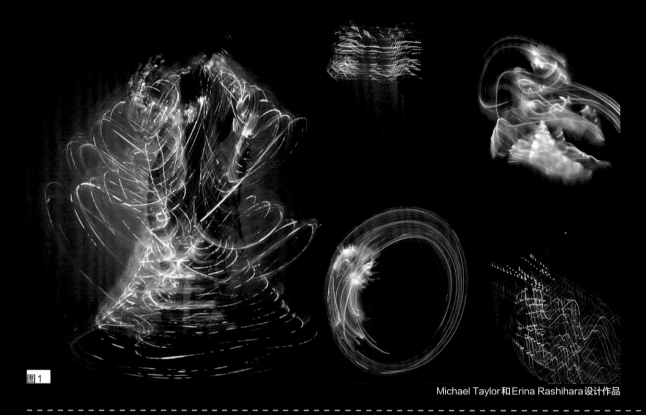

图1

Michael Taylor和Erina Rashihara设计作品

图2

美国女星Claire Danes（克莱尔·丹尼斯）曾身穿一身荧光裙出席2016年Met Gala（纽约大都会艺术博物馆慈善舞会），在当时可谓惊艳了众人。Claire穿着的这件银白色抹胸大裙摆晚礼服在明亮的自然光下就已光彩夺目，尽展女性柔美与妩媚。谁曾想当夜晚降临时，这件礼服竟然闪闪发光，变成了一条夜光裙（图2）！

这款裙子出自设计师Zac Posen（扎克·珀森）之手，他利用光学纤维材质织出一种会发光的欧根纱面料，再用其制作成大裙摆晚礼服。也就是说，这条裙子的发光奥秘在于其选用的特殊材料。

图3

图4

图5

LED（发光二极管）是一种固态半导体器件，它可以直接把电能转化为光能，给日常生活带来光明，现如今已广泛应用于各个领域，如各种指示、显示、装饰、背景光源、普通照明和城市夜景等。这种材质为什么如此受大家偏爱呢？首先，LED主要由含镓、砷、磷、氮等元素的化合物制成，由支架、银胶、晶片、金线、环氧树脂五种物料组成，无毒无害，环保无污染，同时还可以回收再利用。其次，其内部的所有琐碎材料都被包封在环氧树脂里，结实耐用且不易损坏。再次，LED耗电非常低，相同照明亮度比传统光源节能近80%，故而使用寿命长。同时，LED采用冷发光技术，发热量比普通照明灯具低很多。最后，其利用红、绿、蓝三基色原理，在计算机技术控制下可以搭配出一千多万种颜色，能够轻松满足各种动态变化效果及各式图像呈现。

这股LED风同样刮到了配饰设计领域。由于其是一块很小的被封装在环氧树脂里的晶体，质轻，且发热量低，适合佩戴于身体上，所以许多设计师将这种材料运用于首饰设计中。这种自发光材质的运用不仅发掘了首饰设计材料的可能性与创新性，同时也在视觉与感官效果上给人们带来强烈的视觉冲击力与新鲜感（图3~图5）。在制作过程中，设计师既可以将发光二极管配以辅料直接用作装饰，也可以将其拆解去除外壳放在一些小的装置内，还可以借鉴其发光原理创造更加适合首饰设计的创意组合方式。

思考与行动：

加拿大珠宝设计师兼摄影师Manon Richard（玛侬·理查德）制作了一系列可以在黑暗中发光的配饰。它们散发着蓝绿色的光芒，充满了魔幻与神秘的气息。Manon的灵感来源于神话故事，以龙、月亮、橄榄叶、精灵、古树等为造型，在其内涂上发光涂料，使这些配饰在夜间散发出幽幻微弱的光芒（图6）。

请思考生活中还有哪些材料可以用来制作发光首饰，分析其发光原理，并探讨将其运用到首饰设计中的可行性，以此为题撰写一篇不少于1000字的分析报告。

图6

东京艺术家Maiko Takeda（舞子竹田）不用人体彩绘，也不用烦琐的化妆技术，只需一束光与金属网道具便为人体增添了具有艺术感的绝妙装饰（图1）。Maiko在金属网上镂空雕刻出不同的图案，在光的照射下其阴影会投射到模特身体上，呈现出看得见摸不着的虚幻图案，有的变成可爱的猫咪伏在肩头，有的幻化为眼睛领饰，有的似饱满的红唇，有的像娇艳欲滴的花朵。当关闭光源，这些图案便统统消失，只剩冰冷的金属片，仿佛刚才那些美好的装饰都不曾存在过，这便是光影的神奇力量。Maiko勇于探索一切新奇的设计方式，她的兴趣在于为身体创造缥缈梦幻的装饰品，她认为这种装饰有着神秘与超现实的魅力。

图1

Maiko Takeda 设计作品

图2

图3

只要有光就会有影，但作为艺术造型，更重要的是如何利用光，在似与不似间给人无限遐想的空间。

皇家艺术学院学生Jo Miller（乔·米勒）设计了一系列夸张的蕾丝帽，巨大的帽檐瞬间提升了模特强大的气场。Jo运用鲜亮跳跃的玫红与青绿色调增添了帽子前卫摩登的时尚感。当模特站在阳光下时，帽子上的蕾丝纹样便投射在其面部及肩部，使佩戴者仿佛沐浴在虚幻的蕾丝空间（图2、图3）。

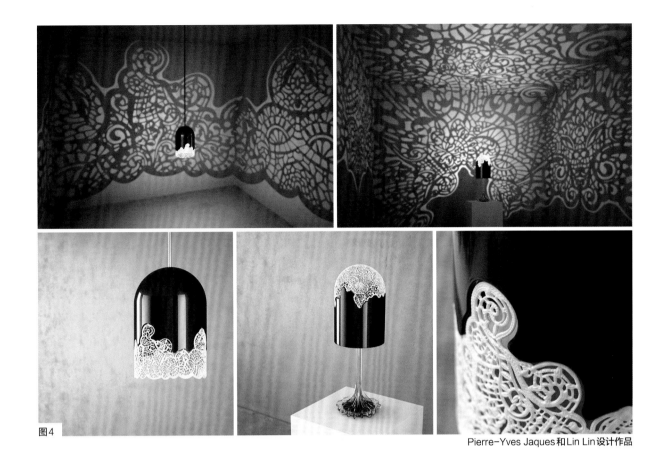

图4

Pierre-Yves Jaques 和 Lin Lin **设计作品**

该系列设计名为Lacelamps（蕾丝灯具），是法国工作室LPJacques（伊普·雅克）创作的第一组照明灯具，包含一款吊灯与一款台灯，由设计师Pierre-Yves Jaques（皮埃尔-伊维斯·贾克斯）和Lin Lin（林霖）共同创作而成（图4）。这两款灯具乍一看并没有什么吸引人的地方，但当在夜晚点亮它们时，观者会不由自主地惊叹两位设计师的创意。

灯罩设计是该作品的精华所在，由黑色实体漆面加白色3D镂空打印壳组成，壳面蕾丝繁复细腻，仿佛精雕细琢的艺术品。设计师故意保留蕾丝不规则的花边外形，避免成像的局限性与规整性。据设计师说，该系列设计灵感正是来自光与影的变幻，光影通常给人琢磨不透的变化性与虚幻感，而曲线形花纹更适合表达这种感觉，于是想到借助蕾丝纹样来增强设计感。光线透过灯罩，将优雅精致的蕾丝纹样投射到四周墙面上，充盈着房间，为使用者带来不一样的梦幻世界。在快节奏的时代，试想当我们加班很晚回到家中，打开这样一盏灯，微暗的亮度给我们带来刚好的舒适感，而坐在沙发上仰望着这满墙的浪漫花纹，我们疲惫的身心也能得到一些放松。

思考与行动：

当代配饰不仅追求佩戴的美观性、表现力的多样性、材料的多元性，而更多地追求精神与内心情感的表达及对社会、对自然更为精致的描绘与可能。光与影像搭配形成的曼妙效果恰恰成为设计师新的着眼点。设计师借助一些蕾丝花边或网纱材质，使其投射在模特脸庞形成独特的装饰，以此体现女性的性感与妩媚（图5）。

请从生活中寻找一些镂空材质道具，运用光影表现手法，尝试利用这些道具拍摄一组面部装饰作品。

图5

第二节
光影雕刻 | "玻"光粼粼

玻璃是一种对于光线具有特殊敏感性的材质，玻璃反射、折射光线的能力使其成为真正的光之"舞者"，而光又恰恰是使玻璃材质焕发光彩的重要环境因素。光线穿过玻璃材质到达另一个介质时会发生丰富的色斑变化，而玻璃材质也因此呈现出特殊肌理，并且观察的角度不同，所感受到的视觉效果也不尽相同。于是，越来越多的首饰设计师运用玻璃材质进行创作，并借助自然光或人造光令首饰呈现出炫彩灿烂的别样光芒。此外，将玻璃材质运用到首饰设计中，不仅丰富了首饰材质的多样性，为首饰设计增添透明的纯粹感，同时还在光影

空间塑造、虚幻视觉效果等方面较好地呈现出丰富多元的视觉情趣，引导人们不断与首饰进行互动。

来自加拿大的首饰设计师Corey Moranis（科里·莫拉尼斯）偏爱透明材质，其作品主要以透明有机玻璃为原材料，以纯手工制作的方式打造出轻盈透光的创意首饰（图1~图4）。Corey这一系列作品通过简约的几何造型或随意扭转的线条，向人们诉说着透明材质的透亮与纯粹。这几款首饰静静摆放在展柜里时，毫无色泽与肌理感，并不引人注意，但是当其沐浴在阳光下，便会散发出迷人的光彩。光线的美妙就在于某种反规律的偶然性，而偶然的奇妙之处就是不可重复、不可修改与不可预知。阳光透过有机玻璃产生的迷幻光晕投射在佩戴者的身体与面部上，呈现出随性浪漫之美。

图1

图2

图3

图4

Corey Moranis 设计作品

图5

美国洛杉矶设计工作室Joogii（朱吉）以法国浩室风格音乐为灵感设计了一系列色彩绚丽的作品，并为其取名为*French Touch*（《法国浩室》）。该系列包括椅子、咖啡桌、边桌及配饰品，均用二向色玻璃材质制成，在阳光的照射下呈现出五光十色的霓虹效果。通过不同角度的反射与折射，椅子与首饰的每一个面都呈现出不同的颜色，有的甚至呈现出渐变色（图5）。随着首饰材料的不断推陈出新，为了避免千篇一律，也势必要在新材料的工艺与做法上进行突破与尝试。

图6

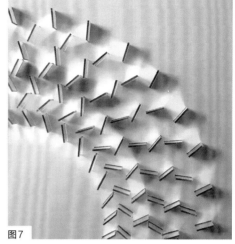

图7

图8

图9

Chris Wood**设计作品**

这些美轮美奂的装置艺术是艺术家Chris Wood（克里斯·伍德）多年来悉心研究光线的成果（图6~图9）。对光线与透明材质的着迷引导着她不懈探索玻璃的物理与视觉特性。在阳光的映照下，一块块原本平淡无奇的玻璃折射出柔和动人的光斑，似彩虹的旋涡，又像迷离的万花筒，呈现出一幕幕和谐有序的"霓虹盛宴"。不知道的人还以为玻璃本身就是彩色的，但其实是通过光与玻璃配合形成的特殊视觉效果。这种特殊透明材质为二向色玻璃，它本身透明无色，但当光线射入其中时，一部分颜色会穿透材料形成彩色的投影，另一部分颜色会被材料反射出来显示在材料表面，有由于其特殊的物理特性，也经常被称作"彩虹玻璃"或"反光变色玻璃"。Chris将二向色玻璃切割成大小相同的薄片，经过有序地摆放及精确计算，制作出了这一系列具有炫彩光影效果的奇幻视觉艺术。

思考与行动：

由于光线赋予玻璃材质的特殊性能，使玻璃材质变成一种可以和周围环境、色调、氛围、甚至温度生动对话的表现体。光影独有的视觉效果表现力可以为一件结构简单的首饰添加生命力与想象力。这款蘑菇玉宇宙玻璃吊坠在阳光的照射下，呈现出虚幻的空间感与特定的奇妙视觉变化，仿佛真的感受到星空般浩瀚无垠、变幻莫测的景象（图10）。

请依据玻璃材质能够反射、折射光线的特点，尝试设计一系列炫彩光斑首饰，并在阳光（或人造光源）下拍摄成品照片。

图10

图3

第二节
光影雕刻 | **趣味光影**

光与影，对人们来说是一个很自然的存在，生活中随处可见光影现象。它们就好似一对伴侣，光给予了影的存在，影让光赋予了新的生命，它们紧紧纠缠在一起，谁也离不开谁。

日本当代艺术家Kumi Yamashita（山下工美）被称为"影子大师"，她有着与常人不同的对光与影的理解，并且具有极强的创造力。山下工美擅长使用光线与物影创造出奇妙视错效果，并利用负片和正片的光影效果制作出许多令人赞叹的光影艺术作品（图1~图5）。在她的巧妙安排下，光与影呈现出趣味、生动、温暖人心的故事。她的装置大多由一些零散的积木块组成，放在特定的位置再配以经过严格角度计算的光源，当光从一个合适的角度对准这些对象时，便会在墙上出现令人惊奇的趣味影像。

图4

她最著名的系列作品主题为"你眼睛看到的，并非事实的全部"。如一些数字积木块经过精心摆放配以光源的照射，仿佛一位年轻女性手扶栏杆正在眺望着远方；一个从正面看上去是叹号的装置经侧面打光竟然投射出问号的影子；一些圆弧形积木片经过精心地切割、打磨、镂空、组合及摆放，打开底部光源，一幅温馨的母子图便跃然于墙面。无处不在的投影，在山下工美手下却仿佛被赋予了灵动的生命力，蕴藏着无穷无尽的可能。她的作品大部分都是基于影子进行创作。观者在驻足欣赏她的作品时都不由得会心一笑，原来影子也可以如此可爱有趣。

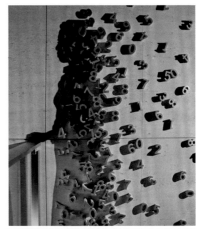

图1

图2

图5

Kumi Yamashita设计作品

图6

小的时候，我们都喜欢用双手在灯光前玩"影子游戏"。长辈们常常通过这种手影游戏，启发孩子们的联想思维。这种游戏非常简单易学，通过想象与尝试，将两只手进行不同的组合，便可以在墙上呈现出小狗、老鹰、兔子、豹子等有趣的动物形象（图6）。这种成像原理是因为光在宏观尺度上是沿直线传播的，所以当有光源照射时，手挡住光的部分投射到墙面上就是黑的，其余地方就是亮的，因此形成了有趣的影子。这就是早期人们主动创造影子的简单案例，而发展到现在，逐渐采用幻灯机、投影仪等先进设备来投射成像。

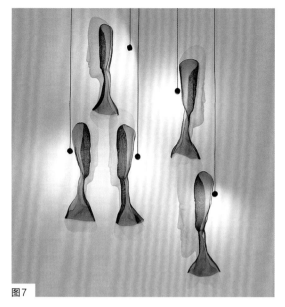

图7

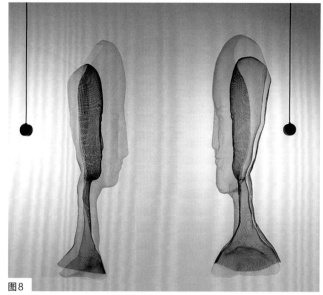

图8

图9

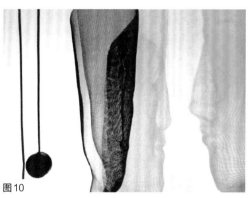

图10

图11

Arturo álvarez设计作品

西班牙艺术家Arturo Álvarez（阿图罗·阿尔瓦莱斯）设计了一组名为 *conversas*（《对话》）的动态灯具，以一系列钢丝网制成的抽象人脸为造型，将其固定在墙面上，在每一个装置旁边都配有用线绳垂放下来的柔光电灯泡（图7～图11）。当灯光开启时，人形钢丝网便会在墙壁上投射形成不同的人脸影子。通过缓慢拉动光源，影子也开始动了起来，不断变化的光影使面部五官发生扭转，多个人脸影像在墙壁上呈动态状不停地扩展、收缩，变换着不同表情，有的闭嘴做沉默状，有的仿佛欲言又止，有的在低头沉思，形成一幅幅有趣的画面。这种动态装置利用光影原理使多个不同个体之间产生了对话与互动性，给观者带来新奇的视觉体验。

思考与行动：

除了真实的光线照射与投影，还可以用材质模拟光影效果。Hermès（爱马仕）曾推出过一款"光与影"系列珠宝。共镶嵌四种不同种类的圆形珍珠——产自大溪地的黑珍珠、灰珍珠，日本Akoya（马氏贝）白珍珠和南洋珍珠。设计师通过将四种珍珠由黑色至白色进行渐变排列，用其颜色的过渡呈现明暗光影变幻效果（图12）。黑白灰交替的珍珠拟人化般灵动俏皮地排列于线性金饰结构上，十分具有趣味性。

请留心观察生活中由于光影产生的趣味现象，将其拍摄记录下来，并尝试动手制作一款趣味光影首饰。

图12

随着科技的发展及用户需求多样化，设计师们将一些新兴技术带入到配饰设计中，打破配饰只能用钻石、金属、纤维、陶瓷、木头等材质的传统观念，以及配饰只能作装饰点缀之用的固有思维。他们希望赋予配饰更多功能与价值。于是，一种"可穿戴式智能设备"应运而生（图1~图3）。可穿戴式智能设备是指应用科技手段对日常穿戴物进行智能化设计、开发，使其可以与穿戴者实现数据交互等的穿戴设备的总称。它的优点在于操作便捷，几乎可以完全依照人体的自然动作实现相应程序，并且时尚美观。其实穿戴式技术早在几十年前就受到不同领域设计师的关注，但由于其造价成本高且制作技术较为复杂，许多设计产品仅仅停留在概念设计阶段。而现在由于技术进步、互联网高速发展，一大部分穿戴式设备已经从概念化逐渐走向实用化与商业化。可穿戴式智能设备开发的本意是探索人与科技全新的交互方式，进而为每个人提供专属的个性化服务，它们可以更好地使佩戴者感知自己身体的变化及与外界的联系。

智能手环应该称得上是出现相对较早的可穿戴设备，并且适使用范围较广，它通常可以计算运动数据、燃脂情况、心率监测、睡眠监控等，用户可将这些数据与手机或云平台同步，从而了解和改善自己的健康状况（图4、图5）。对于喜欢运动的人来说是一个不错的选择，因为它可以记录运动的步数、消耗卡路里的情况，对于睡眠监测也有极大的帮助，是记录生活健康的首选配饰。

图1

图2

图3

图4

图5

图6

谈到智能珠宝，Ringly（瑞莉）可谓是真正的先驱者。除了之前大热的专为女性设计的智能戒指，Ringly又推出了Aries（艾瑞斯）智能手环，同样采用镀金金属与半宝石制成。设计师选用了青金石、黑发晶、彩虹月光石和拉长石，每颗宝石都是纯手工切割，佩戴者会感觉自己戴着的是真正的珠宝。相比其他品牌推出的智能手环，Ringly的这款手环精致优雅，可以称得上是相貌最佳了。在功能方面，它能够支持日常的运动监测和手机通知提醒，续航时间为48小时，可以通过自定义通知灯和振动模式提示佩戴者手机有新消息，并且支持超过100款APP（应用程序)的显示通知，简直是手机静音党们的福音（图6）。

图7

图8

图9

图10

图11

　　说到智能手环，人们总是很自然地将它与健康联系起来，考虑到的是其实用性。其实，智能手环与时尚也脱不开干系，在举手投足之间，人们往往一眼就注意到佩戴者手腕上的手环。所以，抛开手环的功能不谈，时尚元素也是用户极为看重的。

　　为了满足佩戴者在时尚搭配方面的多样选择，Garmin（佳明）的智能手环设计了多种颜色，甚至还请美国著名设计师Jonathan Adler（乔纳森·阿德勒）专为其智能手环vivofit和vivofit2量身定制了替换带（图7~图12）。Jonathan将自己品牌的经典图案融入Garmin手环腕带中，简约又时尚，大大提高了手环的时髦感。同时，用户还可以自己更换腕带，只需将机身从原有腕带取下来安装在新腕带上即可。目前市面上的智能手环，鲜有像Garmin这样为顾客提供多种腕带的选择与更换。很多用户对一种颜色产生厌倦之后，既不想抛弃手环，又想换一种颜色，而Garmin的智能手环替换带刚好解决了这个问题，让用户可以随心所欲地更换手环外观样式。

图12

Garmin品牌作品

思考与行动：

　　设计师Biju Neyyan（比瑞·内扬）设计了一款采用OLED（有机发光二极管）技术的手镯，这款电子手镯的名称为E-Joux，整个手镯由柔性电子OLED构成，外表漂亮大方又富有质感（图13）。此外，手镯还附有蓝牙功能，可以实现与佩戴者的交互体验，同时还可以与其他同类型手镯或便携式设备产生互动与信息共享。如果对方是同类型的手镯，佩戴者甚至可以分享自己设计的图案、动画和文字等，还能传输其他各种资料，为人们带来生活和办公上的便捷。

　　请结合可穿戴式智能设备的特征及发展现状，制定一份市场调查问卷，了解大众对于可穿戴式智能设备的熟知程度及接受程度，并以此撰写一份调研报告及未来发展趋势预测。

图13

第三节 科技之光 | 高科技眼镜

现在或多或少都有人被近视、远视、斜视、色盲、色弱等眼部问题困扰着。于是一些设计师转向研究如何将科技与眼镜结合，从而给人们的生活带来便利。当近视、远视度数更改时是否只能去眼镜店重配一副眼镜呢？虽然全世界的人都这么干，但还是有人觉得太麻烦了。于是，Deep Optics（深光学）公司研发了一种可以自动调节度数和焦距的高科技眼镜（图1~图5）。这种眼镜名为"具有电子动态焦点技术的替代渐进式眼镜"。名字很长，但其名字中就基本体现了它的工作原理及功能。这款眼镜的奥秘在于它的三层镜片。其主体框架是一副没有度数的普通眼镜，在内侧有一层液晶镜片与镜柄两侧的传感芯片相连接。整个对焦过程是由传感器监测镜框的取景范围与佩戴者的眼睛瞳孔距离，也就是焦点位置；紧接着将数据传送到芯片，处理并反馈给液晶镜片；然后通过电流改变液晶弯曲光线的功率，达到想要的焦点范围；最后，完成对焦。这时，通过眼镜看到的，就是最清晰的画面了。

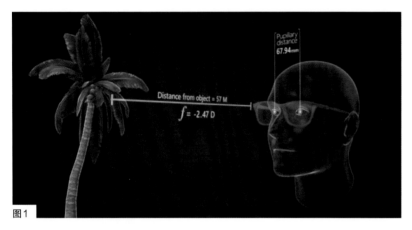

图1

图3

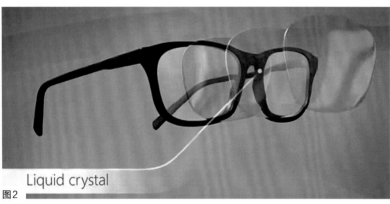

Liquid crystal

图2

图4

图5

Deep Optics 设计作品

图6

加拿大 eSight（e视力）公司开发出一款高科技眼镜，可以让视力低于20/40的半盲人戴上后重见光明，看到以前不曾看到的世界（图6）。这款 eSight3 面罩式眼镜装置，看起来似乎像一个普通眼镜与虚拟现实头戴显示器的结合体。在这个装置前方有一个1080像素的摄像头，可以将前方景物拍摄下来，然后输送到数据处理器中，再回送到一对OLED屏幕上，让佩戴者观看。此外，佩戴者还可以调节摄像头的焦距，不仅可以近距离读书、看报、吃饭、看手机，也可以调节到中等距离视觉看清人的面孔或看电视，还能调节为远焦距观看窗外风景。这样的一款设计简直是半盲人的福音，使他们能够清晰地看到这个世界，感受生活中的温暖。

图7

图8

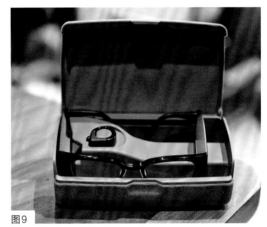

图9

图10

North企业作品

高科技智能眼镜不仅能帮助矫正视力缺陷，还能提供一些生活上的便利。North（北方）企业发布了一款名为Focals（福柯斯）的智能眼镜（图7~图10）。该眼镜右侧镜腿上有一个微小的彩色激光发生器，通过蓝牙连接可以识别手机上的信息。然后通过激光从眼镜右侧镜片内置的一种光聚合物材料反射出来，投射到镜片上。更加准确地说，就是眼镜片上有一块300像素×300像素的15°可视区域，相当于一个小的显示屏。

该设备通过智能指环来控制眼镜，佩戴者可以将其戴在食指上，按下时进行翻页、刷新、确认与返回等操作。Focals还配有一个充电盒，镜腿尾部折叠后可放入充电盒内充电，充一次电可提供16小时续航。佩戴者可以白天使用眼镜，晚上放回盒里充电，两不耽误，十分合理。

Focals的功能多种多样，可以浏览信息、短信、翻看日历、天气预报等，便于在行走、开车时使用，不用掏出手机做低头族，只要眨眼间，就可以获取信息。此外，这款眼镜最为方便之处是将手机端的导航功能带到了眼镜上，使用时，眼镜会通过箭头和简短的文本来指路，再也不用担心在陌生的环境中迷路或者因为看不懂手机地图的方向而迷惑。但导航功能只针对步行，当眼镜检测到用户处于开车状态时，系统会自动禁用该功能，以确保行程安全。

思考与行动：

　　Snap（斯耐普公司）推出了第三代新款AR（增强现实）眼镜产品——Spectacles3（眼镜系列3）。这系列眼镜同样为遮阳镜，但是在眼镜两侧边添加了HD（高清）摄像头，具有拍摄3D照片和视频的功能。该眼镜本身具有4GB的内存空间，可存储100个视频或1200张照片。充电需要搭配眼镜盒，电池充满一次需要75分钟，可以录制70个视频或200多张照片（图11）。

　　请思考智能眼镜给人们生活带来的便利，并尝试构思一款高科技智能眼镜，解决或优化一些生活中切实存在的实际问题。

图11

随着现互联网技术的普及与科技的发展，穿戴式智能设备的形态也渐趋多样化，在军事、医疗、工业、教育、娱乐等诸多领域显现出其研究及应用价值。而柔性可穿戴设备由于将配饰与智能芯片结合在一起，并且可以贴合于佩戴者身体的优势，成为一种越来越受欢迎的交互方式，比如智能文身贴。

美国Carnegie Mellon University（卡耐基梅隆大学）的研究人员试验出了一种新方法，使智能可穿戴设备可以像文身贴一样贴在身上，既符合现代人审美，又充满未来与科技感（图1~图5）。它们可以用来监测佩戴者的生命体征、健康信号、食物消耗情况等，在医学与运动学方面具很强的功能性与实用性。根据一份科学报告显示，可穿戴设备的体外佩戴不便利性使三分之一的用户活动仅半年后就将他们的设备抛在一边。而这款文身贴降低了人们穿着的负重感，可以有效改善这种情况。

Carnegie Mellon小组通过柔性铜电线连接刚性电子芯片的方法使设备变得柔软且有延展性，更贴合人们的皮肤及活动关节处，穿戴之后可以随意弯曲。这种文身贴通过氨纶混纺织物和医用级黏合膜将智能电子元件粘贴在身上，并可随时更新，实现重复使用。使用时只需一小时，就可以粘贴在身上持续数小时或数天，非常方便。

图1

图2

图3

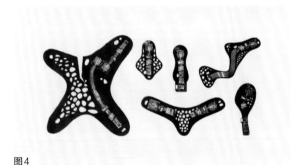
图4

图5

Carnegie Mellon小组设计作品

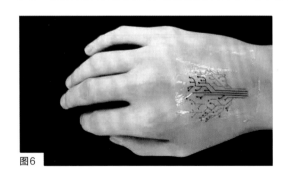
图6

美国麻省理工学院MIT媒体实验室成功地将基因工程细胞3D打印了出来，样子是一张带有树状活细菌的薄膜贴片（图6）。可别小看了这张贴片里的那棵"树"，它里面的活细胞经过研究人员编程，每一个分支上都有能够对不同分子化合物产生敏感反应的细胞。于是，将这张贴片贴到含有对应化合物的皮肤上时，"树"的相应分支就会变亮。这款贴纸不仅可以检测皮肤中的化学分泌物，并可在未来用于人体健康的监测，同时也可视为一张具有精细纹路的可穿戴式个性文身贴。

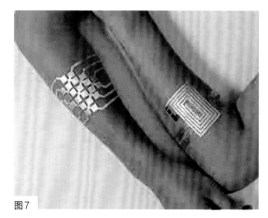
图7

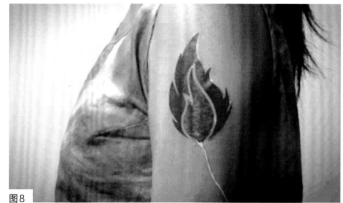
图8

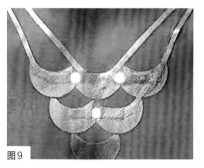
图9

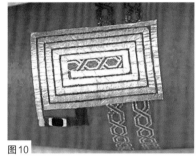
图10

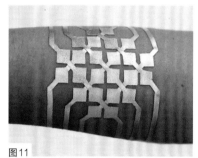
图11
Mit Media Lab 和Microsoft Research 设计作品

　　美国麻省理工学院Mit Media Lab（MIT媒体实验室）与Microsoft Research（微软研究院）合作推出了一系列名为DuoSkin（第二层皮）的智能文身贴（图7～图11）。该系列文身贴以导电金箔为原材料，借助金箔优良的电传导性，价格便宜且几乎对肌肤无害，然后将其层层叠加，利用与电路板相同的原理进行设计。同时，还可以外接一些简单的电子设备，如NFC芯片等。最后，把这些具有电路板功能的刺青贴到人体皮肤上，便实现了文身与交互界面的结合，赋予了"文身贴"新的功能。

　　该系列文身贴既可以充当触控板、显示屏使用，还能完成支付功能。使用者通过对文身贴的触摸可以传达指令给相连接的电脑或手机，进而执行一些相应操作。比如用手指在文身贴上滑动，电脑屏幕上就会显现出各种动态图像，并能够操控幻灯片的放映；同时还可以被当作简易的显示屏，根据所连接的设备得到外界指令或感知温度变化进行反应；除此之外，通过内置NFC芯片，还能与一些特定装置互相交换数据，与平时手机支付的概念差不多，用户可以通过扫描文身贴完成支付。如此多功能的DuoSkin智能文身贴，不仅具有实用性，在外观及佩戴舒适度上也能满足人们的个性需求，可谓是时尚又实用。

思考与行动：

　　这款神奇的文身贴由美国logiclnk（逻辑数据库）公司设计生产，能够智能检测紫外线强度（图12）。它有内外两个圈，内圈为白色，外圈为紫色。紫外线强度越高，内圈颜色就越偏向于紫色，外圈也会随着紫外线的强度不断加满。当外圈能量显示满时，说明此时紫外线强度过高，佩戴者不宜待在室外。

　　请大胆猜测在科技越来越发达的未来，"智能文身贴"还能够应用到哪些领域，并以此为主题撰写一篇不少于1000字的论文。

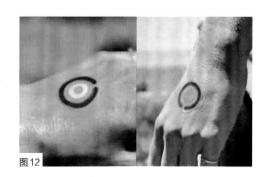
图12

第三节 | 3D打印
科技之光

科技的进步为设计师们提供了新的灵感、新的材料、新的加工方式等。在十几年前，3D打印技术还被认为是"未来主义"，但现在被炒得越来越热，它的出现彻底颠覆了人们对传统生产制造业的认知，甚至逐渐成为未来主流时尚元素。3D打印技术相较于传统制造技术来说，具备明显的数据模型制造优势，主要表现为在制造工艺上的数字制造特点、在制造流程上的分层制造特点、在制造环节上的堆积制造特点。另外，3D打印技术是通过建模来完成快速直接制造，这一特点使得3D打印技术突破了以往制造环节中模具的束缚，实现了一次成型的制造方式。3D打印技术的这些优势使它不再受传统制造的限制，在科技与时尚之间架起一座桥梁。

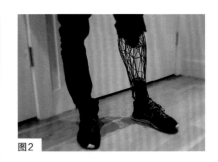

图2

图3

3D打印技术如今被广泛应用于各个领域，如服装、珠宝、工业设计、建筑、汽车、航空航天、医疗产业、土木工程及食品业等（图1~图5）。在医疗行业3D打印的贡献可以说是相当大的，如在假肢制作方面，通过3D技术可以为顾客量身定制出假肢的三维图形，最大化地与患者身体吻合；在服装领域中，也有不少设计师钟情于使用3D打印技术来制造特殊面料；在航空航天领域，常用材料价格高且传统制造方式利用率低，而使用3D打印可极大提高材料的利用率，有效降低成本。此外，由3D打印技术制造的自行车车体框架车身非常轻，轻到一位女士可以毫不费劲地把它扛在肩膀上，非常便捷；Nike（耐克）也曾推出过一款概念运动鞋，将3D打印技术应用于鞋面，让运动鞋更加轻巧透气，并拥有更好的延伸性。由此可见，3D打印技术的出现确实为人们的生活带来更多便利，也为创意设计领域带来了更多可能性。

图4

图1

图5

图6

来自伦敦设计团队研发的Lix 3D打印笔堪称目前全球"最轻盈"的笔（图6）。这款3D打印笔的诞生对喜欢即兴创作的艺术家而言是再好不过的事了，他们再也不用拿着图纸跑到专门的3D打印公司，面对庞大的机器耗时费力了。这支笔采用铝合金材质，长16.4cm，直径1.4cm，重量却只有35g，外形和一般的钢笔没有差异，可随身携带。在笔的末端有一个3.5mm大小的插孔，用户可以用连接线把它和自己的计算机连接在一起，然后加热笔中的打印材料，预热完毕后便可以开始作画。Lix 3D打印笔流出的"墨水"可以迅速冷却，让勾勒出的结构图迅速定型。这种无视地心引力的作画手法是不是酷毙了。但是由于这支笔不借助于任何配套应用程序，成果如何完全取决于创作者胸中丘壑，所以持笔者需先在心中大致勾画好所想造型，然后尽量保持手腕稳定且快速移动。

珠宝首饰界也同样刮起了一阵3D打印风。意大利珠宝品牌Maison 203（梅森203）由设计师Orlando Fernandez（奥兰多·费尔南德斯）和Lucia De Conti（露西娅孔蒂）共同创立。他们曾与工业设计师Giulio Iacchetti（朱利奥·亚凯蒂）联手为浪漫的情人节推出了一系列3D打印首饰——Kalikon（卡利肯）。

　　该系列产品不多，包括两款短项链、三款长项链、两对耳环和一款戒指，均由尼龙材料制成（图7～图11）。每件首饰由大小不同的环形组合而成，每个环形都有一条小小的缝隙，并采用隐蔽的小球连接，起连接作用的小球可灵活地移动从而改变首饰形态。另外，项链还配有一个可变的钩子，以便佩戴者调整其长度。对于那些长项链，佩戴者可以根据自己的喜好调整它们的形状。首饰的灵活性让佩戴者与首饰之间形成互动的同时，也极大地增加了客户的自主选择性及佩戴舒适度。在颜色选择上，设计师为打破3D打印技术带给人们的科技感，选用了更为丰富鲜艳的色彩，如粉红、灰绿、夜蓝、深红等，沉稳又不乏时尚感。

　　Kalikon系列首饰巧妙地将设计、几何形状、运动及新兴科技融为一体，在视觉效果与互动性上都使人眼前一亮。由此可见，设计师应时刻关注最新流行趋势及新兴技术，才能创造出前卫脱俗的作品。

图7

图8

图9

图10

图11

Maison 203品牌作品

思考与行动：

　　在社会审美多元化的趋势下，各种先进技术的运用为珠宝首饰业的快速发展提供了条件。3D打印技术快捷、高效、多元和材料的多样性等特点带给它广阔的未来发展空间，使其在经济快速发展的大环境中脱颖而出。但要注意的是，不能因为一味求新而对科技元素肆意运用，要注重合理优化材质效果，同时满足饰品本身对稳定性、可佩戴性的要求（图12）。

　　请结合3D打印技术的特点，尝试设计一款具有现代科技感的首饰。

图12

虚拟试戴技术

图1

图2

图3

图4

如今 VR（虚拟现实技术）与 AR（增强现实技术）对于人们来说已不再是一个陌生的词汇，大众已经逐渐接受了这个新潮的媒介。虚拟现实技术被越来越多地运用于各个领域，甚至对某些领域产生了巨大的影响或变革。同样，其也延伸到了首饰领域，使珠宝虚拟试戴技术初露锋芒。这种兼具视觉吸引力和互动性的技术为首饰领域提供了新的营销策略，对于品牌吸引顾客、提升顾客购买体验、提高商品成交率等起到了积极作用。首饰设计经过千百年来诸多艺术家与设计师的不断努力发展至今，虽然在很大程度上拓宽了原有的基本概念与界限，但仍需一些新的媒介来扩充首饰行业的发展。因而一些珠宝企业投入大量资金进行虚拟现实技术与首饰展示环节的研发。现今，虚拟现实技术在首饰领域的应用主要集中在首饰佩戴环节，旨在通过提高顾客的佩戴体验而增加产品收益，并没有投放在首饰本身的创作之中（图1~图4）。

在 VR、AR 技术大行其道之后，许多线下零售企业也纷纷试行实体店虚拟体验服务，以增加与消费者的互动。2016年，周生生珠宝在西安开展虚拟珠宝试戴内地体验首秀。该设备结合英特尔最新的 RealSenceTM Technology（实感计算技术），推出了可供消费者实现虚拟试戴珠宝的智能体验服务。消费者只要站在设备之前，虚拟珠宝试戴设备 Magic Mirror（魔镜）就能自动识别试戴部位，只需轻触屏幕，心仪首饰就会立即"戴"上身。这种设备可以最大限度地模拟消费者的真实试戴效果，让消费者不用进店挑选便可以试戴所有的款式。此外，消费者还可以通过该系统实时与社交平台进行联动，将佩戴效果分享至社交平台听取朋友意见（图5）。

图6

图7

图8

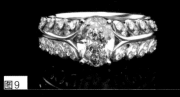
图9

图10

BAVLO（宝珑珠宝）从2013年开始研发虚拟试戴技术，使用3D、VR、AR等先进技术，为顾客呈现真实立体的3D珠宝。普通的珠宝首饰宣传大多用单反或手机拍摄珠宝成品，以这种最常见的信息化手段将产品转换成数字信息。但调查指出非专业客户对珠宝的感受80%以上源于视觉，而这种3D立体成像方式远超传统电子图片给人们的视觉冲击力。于是BAVLO把珠宝做成3D模型，使用渲染技术来呈现其真实立体效果（图6~图11）。

BAVLO的全品类3D系统直连云端5000多种3D珠宝款式，支持自定义品牌logo、增设门店、分店权限、3D首饰款式和零售标价等功能。BAVLO虚拟试戴设备实体机的发明一方面能够吸引客流，提高顾客驻足率与进店率，从而提升产品销量；另一方面，可以有效降低品牌库存，根据顾客在实体机上定制的款式及数量进行生产加工，提高成交率。BAVLO珠宝定制中心成功运用这套系统提升了店面驻足率与产品交易额。自珠宝虚拟试戴立式机试用以来，品牌16%的销售额来源于3D虚拟款式，并且这一比例仍在持续提升。

图11

BAVLO品牌作品

思考与行动：

当代首饰与虚拟现实技术相结合，使人们能够通过视觉效果来感受首饰的外在样貌及内在情感。消费者变成了整个购买过程中的主导者，通过与设备的轻松互动，可以随心所欲地试戴各种心仪的物件，享受着体验式消费的快乐（图12）。与此同时，导购的作用也被弱化，整个购买服务流程更加简单轻松。因此，首饰与虚拟现实技术的结合将会给予当代首饰更多的可能性。

请尝试设想虚拟首饰试戴界面应该具备哪些功能，并且怎样的购买系统才可以更加吸引消费者，以文字形式将自己的想法表述出来。

图12

传统手工艺首饰通常具有精良的制作品质。在现代首饰设计中，设计师们越来越关注传统手工艺，并尝试将其融入现代创作中，以使自身的作品更加出色。

琅琅，是一种染色涂料。它出现在人类历史的舞台上已超过4000年。在这期间，珐琅的制作工艺经历了多次的变革和创新，从最初的金属胎素烧珐琅工艺，发展到掐丝珐琅工艺，而后又演变出了内填珐琅、腐蚀珐琅、微绘珐琅以及透明珐琅等工艺。每一次发展都给珐琅带来了新发展。有人曾说珐琅工艺是一种"画"的艺术，笔到之处就能色彩绚烂。相比其他加工工艺而言，它成本低廉、可塑性强，被大量运用于日常生活用品，如杯、罐、兵器和首饰等物品的装饰上。此外，它最大的优点就是能产生变化万千的颜色效果，如渐变、混色等，具有极大的创作空间。该特点正是珐琅工艺能在多个领域得以发展的源泉，同时使得珐琅在当代文明的精神需求下，不断地给现代人带来令人惊叹的视觉盛宴。美国设计师 Anna Tai（安娜·塔伊）热爱珐琅所带来的斑斓色彩，并运用珐琅技艺创作了一系列独特的珐琅首饰（图1~图5）。在其作品中，她强调色彩明暗、通透之间的对比，并通过不规则的面积分割，创造丰富的细节。大量邻近色的使用为作品增添了一份清丽雅致。

图1

图2

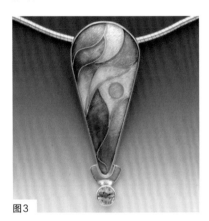

图3

图4

图5

Anna Tai设计作品

图6

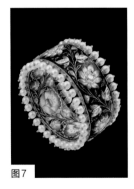

图7

现存的珐琅工艺主要包括以下七种：彩色素烧珐琅工艺、掐丝珐琅工艺、腐蚀凹陷珐琅工艺、浅浮雕珐琅工艺、立体透光珐琅工艺、微绘珐琅工艺、单色微绘珐琅工艺。这七种珐琅工艺是欧洲古典珐琅流传千年之后总结出的最完整、也是最可行的珐琅艺术手法。除了上述工艺，现代艺术家还尝试将珐琅与多种材料融合使用，从而完成珐琅首饰的制作，展现出丰富的装饰效果。印度珠宝设计师 Sunita Shekhawat（萨尼塔·谢卡瓦特）设计了一组具有浓郁印度风格的珐琅首饰。在珐琅彩绘的基础上，镶嵌了大量珍珠、金、玉石、天然宝石等珍贵材料，使其作品华美而精致（图6、图7）。

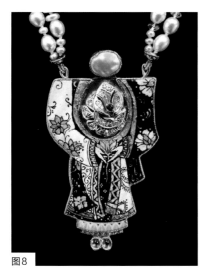

图8

图9

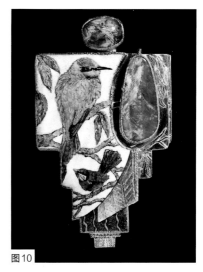

图10

珐琅工艺的发展，可谓古代劳动人民的智慧结晶。它那莹亮的色彩表现力、耐久的着色度和深厚的文化价值，使得现代珐琅首饰具有无限的市场潜力。

珐琅是一种可塑性极高的涂料，它易与各种材质搭配产生和谐的美感。例如，珐琅可以和羽毛组合制造出梦幻瑰丽的风格，也可以和木头组合制造出朴实无华的风格。珐琅工艺的运用要点在于设计和工艺的紧密结合。首先在设计之前便应充分理解珐琅本身的特性。到了设计阶段时，才能更好地能预知珐琅烧制过程中的变化和最终结果。此外，在设计过程中要注意凸显珐琅工艺的特色和优点，起到扬长避短的作用。可以多尝试为这项传统工艺注入新的元素和精神，如与各种现代艺术风格相融合，使之与时俱进，以寻求珐琅工艺在现代首饰设计中的更多创新发展和工艺突破。

来自美国加利福尼亚的设计师Marianne Hunter（玛丽安·汉特）运用珐琅彩绘技法创作了一系列现代珐琅配饰。她将日本和服作为载体，运用珐琅工艺对各种具有日本特色的花鸟纹样进行赋彩，并运用珍珠、宝石等材料作为点缀，最终完成出一件件富有东方艺术韵味的项饰作品（图8～图11）。

图11

Marianne Hunter 设计作品

思考与行动：

利用珐琅进行创作时，需要注意胎型款式及珐琅彩图案的设计。在制作之前要先将胎款和图款的草图先画好，并且使二者都协调一致后方可用珐琅进行上色。美国设计师 Nicolette Absil（尼科莱特·阿布西尔）的设计灵感多源于植物图鉴与日本版画。他运用珐琅工艺结合蚀刻、镶嵌等技术，将自己所喜欢的自然景象绘制成饰品，使珐琅工艺这项古老工艺的魅力在现代的创作环境中不断蔓延（图12）。

请选择一处具有审美性的自然景象，尝试提取其色彩构成，运用珐琅工艺的方式将其绘制出来，最后制作成可佩戴的饰品。

图12

第四节 | 焕色古漆
传古奇粹

漆艺，即以漆为材料对器物进行髹涂和装饰的工艺，这是一门比书写更为古老的传统工艺。从早期出土的文物可以看出，漆艺在首饰中的运用由来已久。随着经济的发展和技术的进步，人们的审美意识在不断变化，对个性的追求、对自我意识的表达也越加强烈，这为漆艺与首饰的结合提供了契机。漆艺具有型、纹、色、光等装饰性能，它与首饰的结合既是漆艺走向现代创新之路的开始，同时也是现代首饰设计在形式变化上的丰富及拓展。日本设计师Mari Ishikawa（玛丽石川）运用古老的漆艺技术对现代首饰的更多可能性进行了探索。在其作品中，Mari以自然生物为灵感，运用银材质制成漆艺的上色胎体，继而用手工髹涂保护漆。最后加上点缀的珍珠来完成设计该系列具有复古风格的漆艺配首饰（图1~图6）。

 图1
 图2
 图3
 图4
 图5
 图6

Mari Ishikawa设计作品

传统手工艺在现代设计中的价值包含以下几点：（1）文化价值。传统手工艺是传统艺术设计的表现形式，与传统文化息息相关，其中蕴含着深厚的传统文化内涵。（2）艺术价值。传统手工艺在历史发展的过程中，形成了一定的形式美法则及其独特的艺术风格特色。这些独特的艺术风格和审美特色为现代设计提供了无穷无尽的资源与灵感。（3）商业价值。传统手工艺的物质载体是传统手工艺品，传统手工艺品以精良的手工艺、价格昂贵的材质、独特的品质体现出中国传统手工艺独特的艺术魅力。

日本品牌Hariya（哈里亚）所售卖的首饰通过利用精美的漆艺加工制成。传统工艺在现代首饰设计中的使用，让更多的穿戴者能了解到漆艺这种古老的传统工艺，既发挥了该首饰的商业价值，同时展现了其文化及艺术价值（图7）。

 图7

图8　　　　　　　　　图9　　　　　　　　　图10　　　　　　　　　图11

由于传统手工艺在现代大多具有稀缺性，因此利用传统手工艺制作出来的首饰都具有较高的价值，同时这些首饰相应地具有珍贵性、唯一性和文化性等特点。就漆艺而言，它本身具有独特的造型方式和装饰手法。从造型方面来看，漆艺易附着在具有切面的胎体上，而胎体材质的选用范围较广，可以实现多种设计要求；从装饰手法上来看，漆艺相比其他装饰工艺具有操作简易、成本低廉等特点，运用漆艺制成的首饰还具有丰富独特的色彩效果，能有效地提高首饰的装饰美感。

漆艺与现代首饰的结合，应在现代审美的基础上去寻找多元化的装饰手段，如镶嵌、堆叠等方法的混合使用，或者在制作过程中搭配多种不同的材料，从而获得设计上的更多创新和突破。Hanna Hedman（汉娜·海德曼）是一位来自瑞典斯德哥尔摩的首饰艺术家，她通过使用涂漆混合银粉涂层的方法丰富首饰作品的色彩。在其作品中，大面积偏冷的色调营造出了萧肃、暗黑的艺术风格，由此体现出其作品关于自然生命与死亡黑暗的创作主题（图8~图12）。

图12

Hanna Hedman设计作品

思考与行动：

传统手工艺在现代设计中的运用是对传统手工艺的一种活态传承。Silvia Furmanovich（西尔维亚·弗曼诺威奇）是来自巴西的珠宝设计师。她认为，现代社会中的大部分产品均由机器制成，而设计师们的职责就在于让传统手工艺品保持生命力。因此，在其创作过程中，Silvia热衷并推崇传统手工艺的使用。通过对传统漆艺的运用，她设计出了一系列充满浓郁东方艺术风格的漆艺首饰，其典雅精致的色泽和造型，令人着实赞叹不已（图13）。

请阅读相关文献了解漆艺的特点和操作过程，并尝试运用漆艺对自己设计的一款创意首饰进行上色装饰。

图13

第四节
传古奇粹 | 花丝镶嵌

中国传统手工艺历史非常悠久，具有丰富的文化、艺术价值。其在现代设计中的运用，一方面能够使古老的手工艺得以传承发展，另一方面能够体现优秀的中国传统文化，树立清晰的中国文化形象。花丝镶嵌工艺是我国优秀的传统工艺，又被称为细金工艺。它始于商代，一直到明清时期发展至鼎盛，并成为一种宫廷御用工艺，与景泰蓝、牙雕、宫绣等并称为"燕京八绝"。它由"花丝"与"镶嵌"两种制作技艺的结合而成，经过该技艺制成的首饰无一不具有精巧、奢华等特点。在花丝镶嵌工艺中，它需要耗费大量时间一点一点将金、银、铜等原材料通过掐、填、堆、垒、织、编、攒工艺手法制成具有不同肌理和造型的花型细丝，接着焊接在用金属片制成的底托上。"镶嵌"则是指完成花丝造型后，将各类珍贵的宝石材料用镶嵌的方式进行点缀装饰（图1~图6）。诗句"花丝万缕织金冠，妙手镶嵌有乾坤"，正是对这项精妙工艺的高度概括。

细致精美的花丝工艺融合了多朝代、多民族的宗教、文化、美学等文化因素，用该工艺制成的首饰风格以宫廷风格为主，设计元素多为自然界的花草鱼鸟和传统纹样。花丝镶嵌的工艺流程繁多，做工要求纯手工打造，因此无法批量生产。这些特点都使得花丝工艺在现代首饰发展中受到阻碍。要在现代首饰中应用花丝镶嵌工艺，应当思考现代首饰艺术下不同的形式美及材质多样性对花丝工艺的影响，可以从首饰设计的平面构成、立体造型、材质运用、工艺手法和意境传达等方面寻求突破点，结合现代首饰设计手法和现代人的审美需求、精神需求，从而找到全新的花丝首饰表现形式。

图1

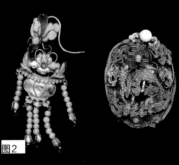
图2

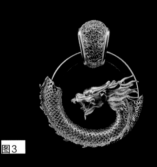
图3

图4

图5

图6

图7

花丝工艺中的艺术形态可按照点、线、面的方式来体现：（1）点：利用点元素的虚实对比、相聚排列等来丰富花丝工艺首饰的艺术形态，也能以点作为配件的形式在其中充当点睛之笔，从而增添作品整体的灵动性和功能性。（2）线：花丝工艺基础造型单位就是线，通过直曲线的编织和组合，能使之形成具有秩序感、延伸感及空间感的设计效果。（3）面：花丝工序中以点和线的组合构成来展现面的形态，如堆、垒、编、掐等工序都能呈现出具有不同肌理的面。现代服装设计师运用面的艺术表现形态别出心裁地将花丝工艺运用在高级定制礼服的制作上，其成品耗时长达数月，整体效果富丽奢华，可谓高级定制中的上乘之作（图7）。

图8

图9

图10

图11

图12

图13

现代首饰设计师们应结合时代的特点，将花丝工艺细腻别致的特点发扬光大，吸收多元化设计元素的同时注重花丝工艺的传承和创新，让具有悠久历史的传统工艺重新焕发出耀眼的光辉。花丝工艺与现代首饰表现形式的融合与突破，可以从首饰风格、设计元素以及首饰材质等方面进行探究。此外，实现花丝工艺制作工序的现代化，以及花丝首饰的市场营销模式转变，也将对其革新突破有所促进。中国著名时尚杂志《时尚芭莎》上曾刊登过一组以中国传统工艺——花丝镶嵌为主题的摄影作品，在该组作品中，使用花丝镶嵌工艺制成的作品尽显精致华美和雍容华贵之态（图8～图13）。以摄影宣传的方式令大众欣赏到花丝镶嵌工艺之美及其价值，在某种程度上也有效地提升了大众对传统工艺的认知和关注。

思考与行动：

作为被列入国家级非物质文化遗产名录的中国花丝镶嵌制作技艺，有着浓郁的中国特色与民族风格，凝聚着中华民族千百年来的聪明智慧与艺术创造力，有独特的美学特征和极高的学术研究价值（图14）。同时，此类艺术品也经常被当作礼物在对外交流时赠送给外宾。只有实用价值和审美价值兼具的工艺品，才不会被时代所抛弃。

请查阅资料，查找其他被列入中国非物质文化遗产的传统手工艺，分析其工艺特色，并谈谈其在现代首饰设计中的创新运用、设计突破及传承方式，写一篇不少于2000字的论文。

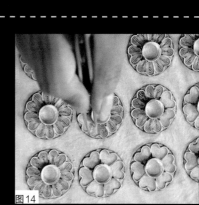

图14

第四节
传古奇粹 | 对话金银错

首饰之所以得到人们的喜爱，除了设计创意、材质贵重和造型华美之外，还与其中精湛的制作工艺有关。从传统文化和传统工艺中寻找和发现新的创作灵感，把现代设计理念与传统文化精髓相结合，是中国首饰设计发掘民族特色的重要途径。金银错，是我国传统手工艺中一项重要的金工细作的金属装饰工艺，距今已经有2000多年的历史。它源起于商周时期，兴盛于春秋中晚期，到战国两汉时期错金工艺得到了全面的发展，是当时以黄金白银作为材料进行装饰的主要工艺之一。

传统的金银错是利用金银材料的良好延展性和柔初性，将其通过不同的方式错于铜器表面，使之形成不同光泽与色彩对比图案的一项传统工艺技术，其特点是纹样隐避，与母体颜色相异，表面平滑光亮。由于同种工艺中使用的材料不尽相同，金银错也包含错金、错银、错金银、错铅、错铜等多种类型。采用错金工艺进行装饰后的纹饰不仅华丽高雅，而且不易脱落。经过了千年埋藏的器物，其表面由金银丝或片镶出的纹饰依然光彩夺目。因此，金银错不仅体现了中国深厚的文化底蕴，同时也被赞为一项极其精湛的金属加工工艺（图1~图6）。

图1

图2

图3

图4

图5

图6

图7

图8

金银错工艺技法可分为两种，即镶嵌法与涂画法。镶嵌法又叫缕金装饰法，须将制作母版图案预刻凹槽、浅槽，继而用金银丝或片进行镶嵌，最后再用错石磨错，使金银丝所组成的图案与铜器表面自然平滑严丝合缝；另一种涂画法则是用制作好的金泥（金或银与汞的结合体）在铜器表面或预铸的凹槽中涂饰纹样，最后经火烤使汞蒸发，留下金银图案。金银错工艺在玉器上便运用上述的镶金装饰法。其表现手法为在玉石表面上绘出精美图案，依图案之形錾出槽沟。将纯金或纯银拉成细丝或压成薄片嵌入图案中，而后打磨平整，抛光磨亮，使所表现的图案形成强烈的色泽差别和耀眼的金属光泽，显得更为突出、雍容华贵、绚丽多彩（图7、图8）。

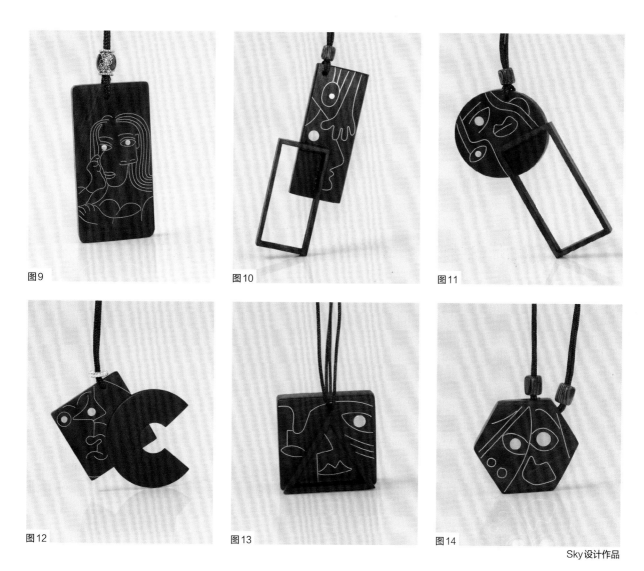

图9

图10

图11

图12

图13

图14

Sky 设计作品

金银错工艺，从其材料的贵重、工艺的难度到其背后的历史积淀都有着极高的艺术特征与审美价值。但现代错金工艺在实现传统装饰效果的前提下，应既有继承又有创新。现今的错金工艺早已不再局限于以镶嵌或涂金的方式来实现其装饰效果，它利用镶嵌、焊压、焊接、充填等更丰富的工艺手段将一种材质覆植到另一种材质的表面上，从而形成装饰。中国徽月珠宝品牌与美国反派主义青年设计师Sky（斯盖）近年联手设计出一款运用金银错工艺制成的项饰（图9～图14）。在该设计中，复古奢华的金银错工艺用来表现现代抽象的人物图案，既具有浓郁的中国风情，同时又彰显了现代时尚的审美。可谓传统工艺向现代化发展的一个成功示例。

思考与行动：

金银错工艺所具有的文化内涵、艺术效果及装饰特征，正是现代首饰设计所追求的。当人们穿越时空的鸿距，尝试与之对话，并尝试去探索金银错工艺在现代首饰中的应用，实际上也就是在探索中国首饰的发展方向、在时代的进程中寻找文化的根源（图15、图16）。

请查询文献，对金银错工艺的优劣处做进一步了解，并尝试从现代首饰设计角度，对金银错工艺的突破与发展进行思考。写一篇不少于2000字的论文。

图15

图16

点翠工艺是中国传统的金银首饰制作工艺，它结合了金属工艺和羽毛工艺，使用珍贵稀有的翠鸟羽毛贴于金银制品之上。用点翠工艺制成的首饰，叫作"点翠首饰"（图1~图6），是极耗时耗力的艺术精品，它们能经数百年光阴的洗礼而不黯淡，色泽光鲜亮丽，且寓意丰富吉祥。在清代，点翠工艺的运用几乎达到了登峰造极的境界。流光溢彩的翠羽与灿烂夺目的金饰交相辉映，自然而然地彰显出佩戴者的显赫地位。

点翠工艺制作过程极为繁杂，首先需将金属片制成底托，再用金丝沿着边缘进行焊槽，接着涂上适量的胶水，将翠鸟的羽毛粘贴在底托上，最后镶嵌上珍珠、翡翠、宝石等，从而形成精美的造型。点翠工艺中所使用的羽毛基本上都是雄性翠鸟的羽毛，该类羽毛有一种奇妙的光泽，并会随着照射光线的变化而显得华彩流动、绮丽炫目。据了解，翠鸟只生长在中国南部。一只翠鸟

身上一般约取用二十八根羽毛。这些羽毛还必须"活取"，因为翠鸟一旦生病或死亡，其羽毛便会丧失那层独特的光泽，使得装饰价值大打折扣。由于点翠工艺的制作成本高昂，自1933年中国最后一家翠鸟工厂关闭后，点翠工艺便退出了珠宝首饰的舞台，点翠工艺也逐渐被烧蓝工艺所取代。点翠工艺高超的技艺水平和不朽的艺术价值依托于古代人们对漂亮美好事物的追求。现代以后，从经济成本和环保的角度考虑，设计师们开始尝试采用其他相似材质来代替翠羽，如染色鹅毛、丝带等材质，或是通过刺绣丝线、烧蓝等方式来达到与翠羽相近的视觉效果。

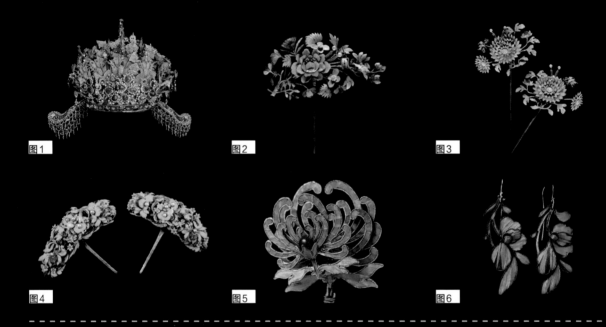

图1　图2　图3　图4　图5　图6

根据底托材质不同，点翠工艺可分为纸底点翠以及金属底托点翠。其中，纸底点翠又称纸胎点翠，所用纸张须经过加筋、防水等特殊工艺处理。因纸底点翠重量较轻，易于固定且韧度较好，因此多用于装饰大面积的头饰和隆重华丽的服饰，如戏曲服饰；金属底托点翠又称金胎点翠，所用的金属为金、银等贵金属材料，能采用垒丝、镶嵌、鎏金、掐丝等工艺进行加工，故而金属底托点翠的制品造型更加繁复精美，常用其做成发簪、耳饰、步摇等饰品。在传统戏曲服饰中，通常饰演旦角的演员会定制一套利用纸底点翠工艺制成的精美头面。一套完整的点翠头面大概由五十多个单件组成，包括泡子、鬓簪、泡条、大顶花、面花、压鬓、福寿字、耳挖子、耳坠、鱼翅等（图7、图8）。现代戏曲舞台的点翠头面大多采用与翠鸟羽毛色系相近的"点绸"替代。

图7

图8

图9

图10

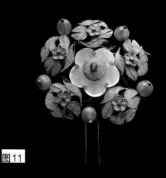

图11

"满头珠翠，遍体绫罗。"数千年来，点翠一直是贵族女子们装点妆容时最重要的华贵头面。据史料记载，清代宫中内务府造办处曾设点翠匠三名，专门承接制造宫中的点翠首饰。甚至连翠鸟羽毛的收集，也设有专门的部门负责。南方地区每年都要向宫廷朝贡几百对翠鸟，这些翠鸟的羽毛被用来制作各种宫廷头饰、风景挂屏、盆景花叶等物件。

娴熟的珠宝匠人为了表现出翠鸟羽毛最耀眼的色泽，通常从活的翠鸟身上挑选出颜色最鲜艳华丽的几根，并在制作时反复地调整羽毛的粘贴位置及形状。从科学的角度讲，几乎所有的翠羽都有着不同的颜色表现，这取决于观察者和羽毛的相对位置，以及光源的角度等因素。根据翠羽摆放部位及加工工艺的不同，可以呈现出蕉月、湖色、深藏青等不同色彩，因此，点翠工艺在进行制作时必须在保持整体色泽基本一致的前提下，根据图案构思进行深浅搭配。这样才能使整件作品呈现出富于变化、生动活泼的艺术效果（图9～图13）。

图12

点翠独特的工艺用材和超高的技艺可被称作世界羽饰文化的瑰宝，但这项绝世之技如今已成为濒危的传统手工艺。要将点翠这门传统的手工艺与现代首饰设计相融合，首先需要现代首饰设计师们在保证自然生态平衡的前提条件下，充分运用现代科技制造的手段探寻翠羽的可替代材质、更先进的羽毛粘贴技术等，从而把点翠工艺这项绝世之技传承和发展下去。在立足于当代人们的审美需求和个性需求的前提下，用现代设计语言对点翠工艺进行更多创新。此外，还应注意保持传统工艺中优秀的工匠精神内涵。

图13

思考与行动：

　　古代的点翠首饰从材质、审美、环保等方面都无法符合现代人对首饰的要求，更多只能被当作工艺品来收藏，点翠工艺也因此面临着失传的危险。现代首饰设计师们应该对遗留下来的点翠首饰进行保护和研究，同时运用现代设计的视角和手段，将传统的点翠工艺与现代首饰结合起来，从而延长这一传统且富有特色工艺的生命力（图14、图15）。

　　请收集市面上运用点翠工艺制成的首饰案例，对其设计亮点进行分析，并思考点翠工艺在现代的传承与发扬，写一篇不少于2000字的论文，并用绸缎代替翠羽，制作一款符合现代审美的仿点翠首饰。

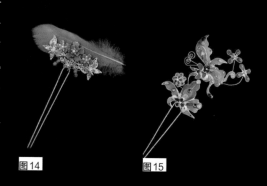

图14　图15

第四章
造型与风格

数不尽的切面

当看到一块块规则或不规则的切面时，是否会让你想起石膏像素描起底时的几何构图呢？几何一词最早源于西方的测地术，用于解决点、线、面、体之间的关系。著名的数学家欧几里得最早撰写了《几何原理》使几何学知识成了一门独立而系统的学科。几何图形可分为平面与立体两类。例如，点、直线、三角形、四边形等为平面图形；而长方体、圆球、圆锥等为立体图形。根据其形态的不同，几何图形又可以分为规则几何形和不规则几何形。在现代首饰设计中，几何切面是常见的设计手法。面具有包容性，同时也能分割空间。多个切面的组合具有连续起伏的立体感和投影效果，而面的边缘也带来了重复的线性感，能塑造出丰富的肌理效果，起到增强视觉冲击力的作用。

该手法经常用于装饰物体表面，营造出现代、立体和冷静的艺术风格。德国汉堡市的一家设计工作室发行过一款名为Petit fou（石头仔）的手拿包（图1~图4）。以矩形为物体廓型，在其表面采用不规则几何切面的设计，形成了多个富有立体感的方块肌理，同时覆盖了一层别致的纸张涂层，以增加其防水功能。在包的开合处则用隐形磁铁作为功能连接物。该系列手拿包的整体设计风格充满现代前卫，同时彰显着冷静和理性的气质风格。

图1

图2

图3

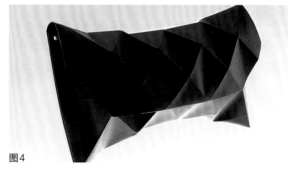

图4

图5

图6

切面处理是几何造型中的重要组成部分，在现代首饰设计中被广泛运用。作为一种二维空间的表现形式，无数的切面组合能产生三维立体的视觉效果。切面的使用首先要求物体具有面或体的属性，继而犹如制作一件雕塑品一样将其表面进行重复的分割，从而形成出无数的切面。它成功地将几何独有的抽象美感与具象的物体造型融合了起来。CuCoo挂钟是设计师Stefan Hepner（斯蒂芬·赫普纳）所设计的一款创意作品。根据挂钟的轮廓形态，设计师运用不规则的几何切面赋予了挂钟丰富的肌理效果，素白的色彩和锐利的切面边缘同时为该挂钟营造了现代、静谧、冷酷的风格特点，而具象的切面钟摆和浑圆的葡萄造型又为CuCoo增添了一丝现代的生活气息（图5、图6）。

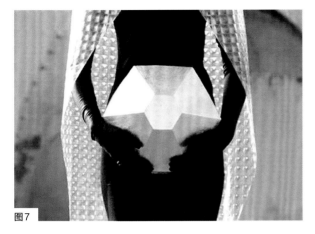

图7

图8

图9

图10

图11

Konstantin Kofta 设计作品

　　运用几何手法进行首饰造型设计时，往往可按照对象数量采取不同的处理方式。例如，针对单个物体，通常可以采用平面切割或曲面切割的方式来塑造物体表面的肌理质感，以增强其艺术效果。无数连续的切面，规则的或者不规则的，都能通过其强烈的量感表现，给人带来均衡、稳定和富有节奏的视觉感受。而针对多个对象进行设计时，则可以采用相切、重叠等设计手法进行造型上的组合设计。

　　乌克兰设计师Konstantin Kofta（康斯坦丁·科夫塔）是知名的包袋设计师。他擅长将几何形体设计成为包袋的外部造型，并在其表面运用几何切面做进一步装饰（图7~图11）。在其设计中，Konstantin Kofta 严格遵守了美学法则，将无数的几何切面糅合在一起达到了视觉上的均衡感。无彩色系的大面积运用，搭配规则的切面，形成凹凸有致的肌理效果，体现出设计中所讲求的节奏感。同时，一种理性的秩序感油然而生。

思考与行动：

　　无论是哪种形式的首饰设计，首先都要保证造型上的美观和均衡。这就要求在设计的过程中注意对整体造型韵律美的把握。几何图形在首饰设计中的形式美感从本质上来讲就是变化与统一的协调。它是一切艺术都应遵守的美学法则。设计师 Elisa Strozyk（艾莉萨·斯特洛兹克）根据服装的轮廓造型，用数不尽的几何切面制成了服装表面的肌理，使其作品充满几何化的秩序美和韵律美（图12、图13）。

　　请运用几何切面的设计方法，将常见物体的表面分割成富有立体感的不规则切面，并将具有切面效果的物体作为设计灵感，设计一款具有节奏和韵律美感的创意首饰。

图12

图13

立体的宣言

自然界中大多数物体都是立体的，其形状可归纳为球体、正方体、圆锥体等基本几何形体，也可延伸成圆柱体、圆环、正多面体、三棱柱等。与平面几何相比，立体几何最大的形态特征便是占据着真实的三维空间，具有一定的重量感、空间感。在现代首饰的设计中运用立体几何，通常会直接运用几何体本身进行造型设计。这类设计作品着重突出表现造型本身的体积感或肌理感，其特点是简约而含蓄，表达了一种个性的存在和佩戴者的态度。需要注意的是，不同的立体几何造型传达着不同的情感色彩。例如，正方体和长方体给人们的感觉厚实、简练、庄重、大方，具有较强的稳定性；而球体则通常给人们动感、优美、活泼、对称的感觉。设计师Flora Leung（弗洛拉·梁）创立了包袋品牌Matter Matters(物质重要)，其包袋均采用单个或多个立体几何造型之间的组合作为造型设计（图1~图6）。修长而简约的长方形包体配上球形或方形的装饰点缀，增加了造型上的设计感。在色彩上，则运用了高明度的撞色和邻近色，为包袋增添了满满的活力感。

图1

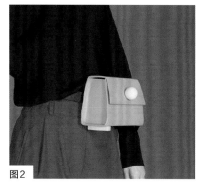

图2

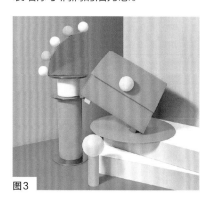

图3

图4

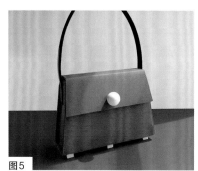

图5

图6

图7

从19世纪30年代后期开始，几何饰品便开始逐渐地从二维向三维转型。之后，著名画家毕加索应用立体主义思想将物象解体，然后再将物体在不同角度下的形貌同时集中在一幅画面之中，目的在于探讨和追求空间营造出来的力度感和多维度，将运动时间因素融合在空间表现里，形成一种全新的视觉艺术形式。这无疑对现代首饰的立体设计有着极大的启发和影响，随着大量首饰艺术家在这一领域内的不懈努力，首饰设计从平面到立体的发展也趋于成熟（图7）。

图8

图9

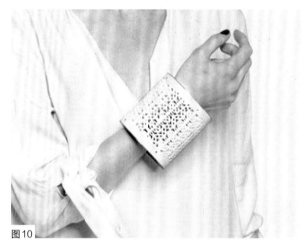

图10

图11

Ho Yi Amy Cheng 设计作品

将立体几何直接运用于首饰设计中，容易因造型体量感过多而导致作品显得笨拙和憨厚。此时，便需要结合其他设计手法，对实际造型进行改善。在设计思维上，运用"减法"原理，即利用镂空、分割等方式来减少体量感。

来自LCF（伦敦时装学院）时尚珠宝专业的学生Ho Yi Amy Cheng（何怡艾米·陈）设计了一组具有立体几何造型的首饰（图8～图11）。其灵感来自中国传统建筑，将白色镶金边的规则几何体作为主造型，为了打破简约的立体几何造型所带来的沉闷感，在其表面用镂空工艺营造出灵动丰富的纹饰肌理，体现出敦厚而含蓄的作品风格。

思考与行动：

在首饰设计中，虽然平面化的造型更便于佩戴、携带等，但是一件从各个角度都可以欣赏到其美感的立体首饰，显然更让人记忆犹新。因而，首饰从平面到立体的转化就有了审美上的必然性。立体造型的表达，除了在设计中直接运用立体几何做造型，也可以利用眼睛的视错原理将平面的形态营造出立体效果。这就需要根据空间的虚实、远近、大小关系进行调节，使平面图形（点、线、面）得到拉伸或延展，从而获得体量感和纵向高度的变化，最终营造出立体感、透视感和空间反转等效果（图12）。

请利用视错原理，尝试设计一款具有立体几何造型的创意配饰设计，可运用多个不同几何体进行组合。

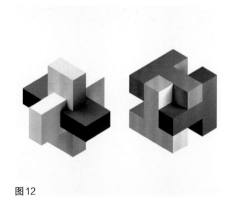

图12

当几何遇上简约

　　不同时代的首饰特点和它所处时代的艺术思潮交相呼应，形成不同的首饰面貌和设计特征。其中，简约风格以一种精简、崇尚减少装饰的审美理念影响着当今首饰设计的发展，使首饰设计呈现出简洁、自然、宁静、朴素的风格特点，在众多设计风格中独树一帜。事实上，简约并不是简单，而是通过抽象、简化等手法对设计对象的现有形态进行提炼，形成一种高度概括的表现形式。例如，来自伦敦的独立设计师品牌Rebecca Gladstone（丽贝卡·格莱斯顿）设计了一组具有简约风格的首饰。在该设计作品中，白银材质被塑造成具有简洁轮廓线的几何形状，由此表达了抽象的哲思设计理念。同时，该系列首饰在局部细节设计上运用了丰富的几何切面或分割设计，完整地体现出简约而不简单的设计要义（图1~图6）。

图1

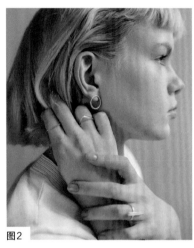
图2

图3

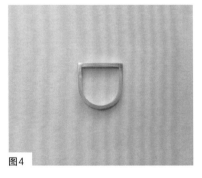
图4

图5

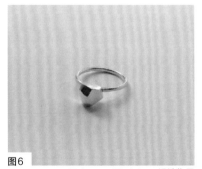
图6

Rebecca Gladstone设计作品

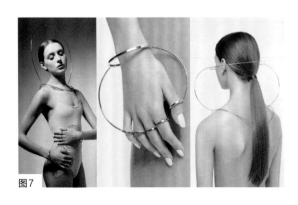
图7

　　简约风格和极简主义是现代主义中非常容易混淆并且产生争议的两个艺术流派，它们之间既有相同点，又有不同点。首先，这两者的命名中都含有"简"字，即简洁、直接明了之意，在设计上也都通过概括、提取等手法，追求抽象的形式。但简约风格更追求事物的本质，强调人性化，多了一些温暖和人情味；而极简主义强调抽象的极致、最简单，它要求去除一切装饰，走向极端，显得过于冷漠和单调。此外在应用领域上，简约风格被广泛应用于建筑、工业、服饰等设计领域（图7），而极简主义多用于表现纯艺术领域，如绘画、雕塑等。

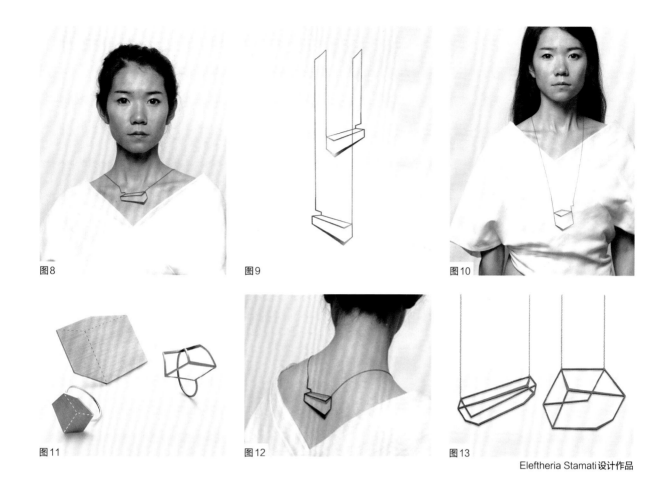

图8　　　　　　　　　　　图9　　　　　　　　　　　图10

图11　　　　　　　　　　图12　　　　　　　　　　图13

Eleftheria Stamati 设计作品

　　简约风格首饰是一种受现代艺术流派影响的首饰风格之一，它强调寻找事物的最本质，表现出事物的本来面貌，让人们欣赏最初的事物或者看清事物的本质。简约风格的首饰设计最常用的手法就是几何化。由于几何图形本身具有鲜明的线条或块面等形状，非常适合表现秩序的、抽象的简约之美。当几何遇上简约风，就仿佛红梅遇上白雪，二者相辅相成、相得益彰。在设计过程中，简约风格注重首饰材质的质感、肌理的表现，因此在取材上往往以少胜多，专注于在一种材质表面上寻求多种变化；在色彩上，强调单一色彩、低纯度色彩的应用，以及对比度较弱的单色彩组合和渐变色彩的使用；在表现手法上，则注重把控整个首饰造型的主次关系，尽量减少次要元素的使用。

　　希腊艺术家 Eleftheria Stamati（艾弗蕾希娅·斯塔马蒂）利用几何透视原理设计出具有立体视觉效果的几何造型配饰。这款配饰利用细线形成具有透视感的立体矩形，可供双面穿戴，在材质和配色上都没有过多花哨的装饰。配饰整体的风格简约、干净，设计主次分明，具有一种空灵纯粹的美，也为佩戴者增添了一份知性美（图8～图13）。

思考与行动：

　　简约风格首饰在符合佩戴和装饰功能的前提下，强调功能和形式的完美契合，并以一种超高度和超强度的概括和浓缩，恰如其分地在首饰的形式美和首饰的功能美上寻找平衡点，体现着简约而不简单的设计内涵。瑞典设计师 Patrik Hansson（帕特里克·汉森）设计的珠宝尽可能精致和简约（图14）。在其设计中，基本的几何形状，如正方形、圆形和环形，都是精确分层和解构的。每个细节都经过深思熟虑，每个角度都经过考虑和完善。

　　请选择一种几何元素作为造型的重点，利用解构、分割等手法，设计一款具有简约风格的创意首饰。

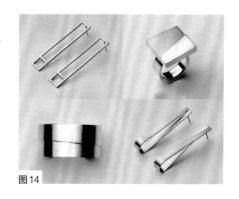

图14

第一节 | 是点还是圆？
几何碰撞区

在几何的定义中，点是空间中只有位置而没有大小的图形，而圆则是指在同一平面内，到定点的距离等于定长的点的集合。点与圆具有不同的概念，但在首饰设计中，点与圆之间的关系却显得十分微妙。在最基本的几何图形中，"点"是概念上最小、最单纯和最集中的图形。点的连续排列可以形成虚线，点的密集排列可以形成虚面或虚体，点与点之间的距离越小，就越接近线、面、体的特征。因此，点的大小在某种意义上来讲没有一个特定的标准，它是根据与其他形状对比来判断的。在表现形式上"点"也是不确定的，它可以是平面的，可以是立体的，也可以是实的，或者虚的。而在形状上"点"

可以是有规则边缘的图形或形体，也可以是不规则的。因此，自然界中任何事物在改变其大小后都能成为"点"。其中，同一大小、同一种颜色的圆点以一定的距离均匀地排列而成，这样的圆点被称为波尔卡圆点（图1~图6）。该名称来源于一种名叫波尔卡的东欧音乐。著名的日本艺术家草间弥生（Yayoi Kusama）便是波尔卡圆点的拥护者，她曾说"地球也不过只是百万个圆点中的一个"，由此来赞美波尔卡圆点的伟大。

图1

图2

图3

图4

图5

图6

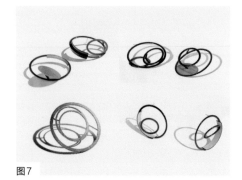
图7

几何图新首饰的构成手法分以下几类：（1）渐变。在几何图形首饰中运用最多的手法是图形大小的渐变和颜色的渐变，图形的渐变并不局限于这两种渐变方法，都会呈现不同的视觉效果。（2）特异。即在有规律的形态群中有了局部突破和变化的造型结构。（3）重复。即在同一款设计中，相同的造型结构出现两次或者两次以上。美国首饰艺术家Rachelle Thiewes（雷切尔·辛维斯）利用重复和特异的构成手法将几何元素融入了现代首饰设计中。其作品将金属材质制成多个大小不同的圆形，通过相切、相交、内含等位置关系将这些圆形互相关联，形成立体造型，并在其表面涂上绚丽的色彩涂料，使其作品具有跃动的节奏和活泼的艺术风格（图7）。

134 ● 第四章 造型与风格

图8

图9

图10

图11

Rebecca Hannon设计作品

在首饰设计中，圆点的位置、排列形式、排列时的大小和数量上的变化十分重要，不同的排列方式往往会给人们带来不同的心理感知，如稳定、和谐、紧张、动感等。其中，连续排列的点会产生节奏感、韵律感；形状大小不一的点经过排列组合能形成空间感；多个点的连续排列会有线和面的感受。尽管点在平面构成中是最基本，也是最简单的几何元素，但它是一种十分活跃的艺术语言。通过点的线化、面化，可以设计出不同款式的首饰作品。在首饰中，单独小的几何图形首饰可以被看作是"点"型首饰，而群镶首饰则可以被看作是"点"的集合型首饰。

美国设计师Rebecca Hannon（丽贝卡·汉农）的几何配饰作品 *Reveal or Conceal*（《隐瞒或揭示》）总能让人想起美国观念艺术家Sol LeWitt（索尔·莱维特）的壁画，它们都具有斑斓、明朗的艺术特点。Rebecca Hannon运用具有硬度的合成纸切割成大小不一的圆形，并涂上各种各样的色彩。每一个彩色圆形都是一个独立的圆点，经过密集地排列组合后，便形成了这样一组色彩缤纷、富有节奏感和韵律美的精彩配饰（图8~图11）。

思考与行动：

在进行首饰创作的过程中，几何图形的形状直接影响着设计师在作品中所要表达的设计语言。在设计的过程中需要了解所运用图形的基本特点及其中所蕴含的文化内涵。例如，圆点代表着团圆、循环、永恒等，同时能起到增大体积感等作用。美国洛杉矶设计师Annie Costello Brown（安妮·科斯特洛·布朗）以金属为材料，将形状各异的圆组合成耳饰，简约又不失设计感，凸显穿戴者自由不羁的个性与着装风格，带给人们平静美好的视觉感受的同时，彰显其独特的设计理念（图12）。

请根据圆的造型特点及图形内涵，设计一款创意配饰，要求注意构成手法的合理使用。

图12

螺旋曲线的狂欢

螺旋结构是整个自然界有机生命中最广泛和最基本的形态。小至一个孔虫或是贝壳,大至整个行星系或是宇宙中,都有螺旋结构的存在。螺旋结构的艺术魅力及特殊的有机结构早在远古时代就被人类发现,并一直沿用至现代日常生活中,如螺旋状的建筑、楼梯等。螺旋形状在画面中总是表现出一种连贯性、延伸感和旋转动感,事实上,它是分形几何中最常见的一种形状。

1975年,法国数学家B.B.Mandelbrot(曼德尔勃罗特)最早提出了分形几何的概念,并用该理论来描述自然界中那些无法被欧几里得几何学所描述的几何对象。例如,曲折的海岸线、连绵起伏的山脉、变幻万千的浮云、漫天缭乱的繁星等。这些极不规则和极不光滑的自然形成物,都是分形几何研究的对象。分形几何最显著的特征就是自相似性,即在本体上任选一个局部,无论是将其放大或缩小,其形态、复杂程度、不规则性等都不发生变化,所得到的图形仍显示原图的特征。分形几何由于在结构形态上具有形似、渐变构成,因此其图案具有很强的节奏和韵律。利用分形几何图形作为造型设计,往往能获得一种视觉上的和谐效果。英国设计师 Ute Decker(乌特·德克尔)的设计作品将金属片进行自由延展、弯曲、环绕,形成具有螺旋曲线造型的胸针和戒指,犹如同一件精巧的微型雕塑,富有层次变化的律动美(图1~图6)。

图1

图2

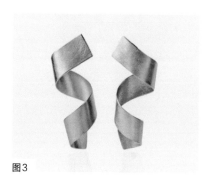

图3

图4

图5

图6

Ute Decker 设计作品

图7

图8

螺旋曲线首饰的特点主要体现为:(1)和谐性。螺旋曲线最大的造型特点在于形状的重复,应用到首饰设计中便是造型元素的重复。它能有效地打破平面几何沉闷的对称感,给人一种均衡的视觉感。(2)自然性。螺旋曲线的造型设计来源于自然界中的生物造型,这种以自然为基础又超越了简单意义上的自然形态的首饰,总是在不经意间唤起人们对自然生态的向往。(3)分数维。螺旋曲线既不以二维平面的形态呈现,也不以三维立体的造型呈现,而是介于二维与三维之间或一维与二维之间。当设计师将螺旋曲线的造型运用在配饰创作中,往往能获得更多新颖独特的视觉体验和佩戴效果(图7、图8)。

螺旋结构具有由外向内或由内向外盘旋的特点，它源于对数螺线，即按几何级数递增的距离进行旋转的螺旋曲线。对数螺线广泛存在于自然界中。例如，鹰以类似于对数螺线的轨迹靠近猎物、昆虫以对数螺线的方式接近光源。这些螺旋曲线可以在画面中表现出一种连贯性，富有延伸感和旋转的动势。当螺旋曲线运用在现代首饰设计中时，能根据不同的创意引申出无数的造型，形成视觉上的动态平衡。卷曲的形状，既像舞女旋转的裙摆，又像潮来潮往的海浪，给人无尽的想象与欢乐。

来自俄罗斯的设计师Stas Zhitsky（斯塔斯·基斯基）从造型着手，以对具有螺旋造型的意大利面为灵感，设计出一系列具有螺旋曲线外观造型的珠宝首饰（图9~图12）。该系列以18K黄金和925纯银为主要制作材料，在其成品表面均可看见金属拉丝的纹理。整体作品华丽但却又动感十足，螺旋造型彰显俏皮而有趣。

图9

图10

图11

图12

Stas Zhitsky设计作品

思考与行动：

DNA是大多数生物的遗传物质，其造型组成是双螺旋结构。自1953年沃森和克里克发现了DNA双螺旋的结构后，人们开始清楚地了解遗传信息的构成和传递的途径，DNA的双螺旋造型也被广泛运用在设计领域。设计师们利用DNA的双螺旋结构，设计了一系列具有规则、均衡视觉美感的首饰（图13、图14）。

请通过拍摄留影的方式发掘生活中其他螺旋形状，并根据所收集素材的螺旋造型作为设计亮点，设计一款创意配饰。

图13

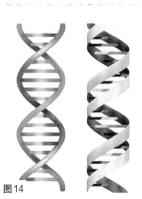

图14

　　艺术风格是设计作品的造型、材质和色彩等方面综合带给人们的直观感受。有的设计师风格前卫大胆，有的设计师风格复古典雅。由于不同的人生经历、艺术素养和审美倾向等因素的影响，设计师们通过其作品展现出来的艺术风格也是因人而异。来自俄罗斯的珠宝艺术家Valeria Myrusso（瓦莱里娅·米卢索）酷爱中国传统文化，并致力于在其作品中体现这种复古的东方艺术风格（图1~图6）。Valeria通过聚合物黏土材料、传统雕刻技艺和复古雅致的东方配色，在设计上选取诸多具有代表性的东方元素如锦鲤、菊花等物象来呈现设计巧思。通过将现代与复古的元素融合在一起，为世人带来唯美而具有中国古典风情的珠宝作品。

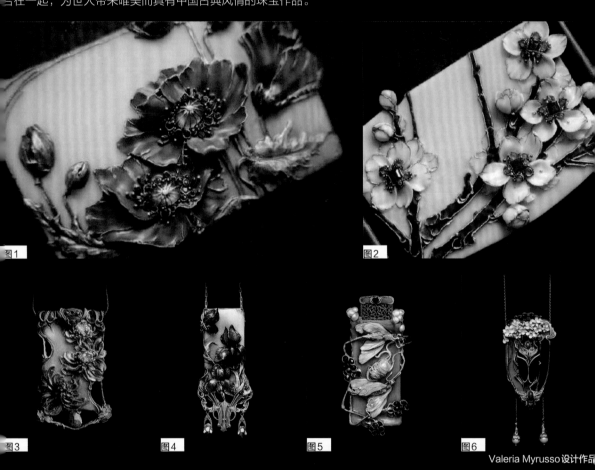

图1　　图2

图3　　图4　　图5　　图6

Valeria Myrusso设计作品

图7

　　中国风首饰包含以下特点：（1）外形具备丰富的人文内涵或者寓意联想，注重情感的表达而非仅仅视觉感官上的满足。具备大巧若拙、大气而浑厚的艺术特点。（2）艺术语言内敛、含蓄。（3）装饰风格偏向于平面化曲线化，几乎没有锐利的直线。（4）材质以玉为主，辅以金银或者珍珠。（5）设计题材上多用中国传统纹样，如龙凤、锦鲤、仙鹤等。时尚品牌Dior（迪奥）为迎接2020年中国春节，特别推出新年限定版包袋系列（图7）。该设计采用中国的传统凤凰元素，配以精美的刺绣工艺，向人们诉说着诗情画意的中国故事。

图8

图9

图10

Ryan Tandya 设计作品

在日益强调民族文化自信的今天，无论是文化界和设计界都已经意识到重寻中国风格的必要性。中国风格由中国元素构成。凡是符合中国的传统审美观念、具备明显中国特色，并且能够唤起受众中国文化记忆的象征符号、形象或风俗习惯等，都可以被看作中国元素。来自印度尼西亚的摄影师Ryan Tandya（瑞安·坦德亚）结合摄影

图11

图12

与剪贴画的方式完成了一组中国风时尚摄影。旗袍、折扇、飞燕、雄鸡、牡丹……众多的中国元素交叠融汇在一起，透露出典雅娟秀的东方风情（图8~图12）。

思考与行动：

尽管中国有丰富的传统设计元素，其题材丰富、寓意深远，具有明显的民族性、特色性，但是中国现代首饰设计风格的形成是个漫长的过程。未来设计师们需要将中国传统设计元素以现代人的审美方式来合理地运用到现代首饰创作中。俄罗斯珠宝设计师Ilgiz Fazulzyanov（利基·珐祖扬诺）在其设计作品中融合了东方与西方的美学特征，使用大量中国文化中的独特意象，如寺庙、牡丹、荷花、祥云、锦鲤等，设计出优雅细腻、饱含着自然灵性的精彩首饰。

请尝试运用中国元素设计一组创意首饰，要求整体造型自然典雅，能体现中国风。

图13

艺术风格是指一件艺术作品按照具有某种特点的组合方式或者表现形式而构成，是艺术特点成熟的标志，也是艺术作品内容和形式高度和谐统一的标志。波普艺术风格是在20世纪50年代风靡欧美的一种流行艺术形式，也被称为新写实主义。波普艺术的英文名词为"POP"，它是"popular"的缩写，通常被翻译成"受欢迎的""潮流的"，这也体现了波普艺术在当时社会上的定位。波普艺术力求表现自我、标新立异、雅俗共赏。它就像一支具有强烈节奏感的快板说唱乐，不仅深受年轻一代的喜爱，还推动着流行元素的发展。各种不羁的艺术行为让波普艺术当之无愧地成为时代的引领者，并对现代艺术设计的发展产生了深远影响，在艺术设计的各个领域都得到广泛应用。了解波普艺术，可以为首饰设计带来更多创作灵感。安迪·沃霍尔是波普艺术的倡导者和领袖，也是对波普艺术影响最大的艺术家。他大胆尝试凸版印刷、橡皮或木料拓印、金箔技术、照片投影等各种复制技法。在狂热的1960年代，安迪·沃霍尔开始用波普艺术征服纽约。可口可乐、香蕉、米老鼠、Campbell汤罐头……一切日常生活中稀松平常的物品，在他手中都变成了艺术（图1～图6）。

图1

Andy Warhol

图2

图3

图4

图5

图6

图7

波普艺术装饰性风格的形象要素具有下几个特点：（1）取材于当下生活。波普艺术众多设计领域的创作题材选择都是来自生活的方方面面，如电影明星、政治领导、零食、广告等。（2）鲜艳颜色对比。用高对比度的色彩颠覆传统单调统一的视觉呈现。这种大胆的用色方法一方面增强作品的视觉冲击力快速吸引大众的眼球。（3）元素重复排列。通过元素的重复排列增强设计形式感并营造吸睛的炫目视觉效果。（4）图案趣味拼贴。把各式各样的趣味图案互相组合拼凑，激发设计师创造更多妙趣纵然的作品。值波普艺术家安迪·沃霍诞辰85周年之际，美国著名制帽品牌New Era（新时代）也推出了纪念版的联名帽款（图7）。色彩鲜艳的迷彩图案布满整个帽身，具有浓郁的波普风格。

图8

图9

图10

图11

图12

EASTPAK 品牌作品

波普艺术是一个实践探讨通俗艺术和文化之间关联的一项艺术运动，它反对现代主义冰冷缺乏人情味的高姿态，创作题材直接取材于日常世界。在制作手法上，波普艺术摒弃了传统的手绘绘制方法，大部分采用立体主义的拼贴手法和印制的工艺技术，使作品的艺术效果更加独具一格，这　创举为设计领域带入了新的创作动力。知名包袋品牌EASTPAK以安迪·沃霍尔的汤罐作品 *Colored Campbell's Soup Can* 为灵感，推出了一系列具有波普风格的包袋产品（图8~图12）。该系列包括拉杆箱、双肩包、腰包和旅行提包。每个包款都有和三只汤罐对应的三种配色，并配以汤罐主题的拼贴图案，而圆柱形的旅行提包则直接以汤罐的形式呈现。

思考与行动：

波普艺术既是一种经典的艺术风格，同时也代表着一种设计理念。它注重在生活中取材，无论是采用幽默还是讽刺的表现形式，都向人们传递了一种关注当下生活的理念。借助于其强烈的视觉表现力，能让受众更好地理解设计者的设计意图。在现代首饰设计中，将波普中经典的音乐碟片、汤罐等素材设计成可佩戴的珠宝首饰，也别有一番趣味（图13）。

请根据波普风格的艺术特点，从生活中取材，并运用色彩、拼贴、重复等方法设计一组具有波普风格的创意配饰。

图13

图1

图2

图3

图4

Agnieszka Osipa 设计作品

哥特风格，是艺术风格中最经典的风格之一。哥特一词原本是北欧一个游牧民族部落的族名。由于该部落入侵了意大利并推翻了罗马帝国，在文艺复兴时期，意大利人对哥特人摧毁罗马帝国这段历史耿耿于怀，于是便将从阿尔卑斯山以北传来的东西都称为"哥特式"，意为野蛮、无知和黑暗。18世纪，哥特文化在文学领域和绘画艺术中逐渐复苏，而到了20世纪70年代末，一场新兴的哥特文化运动逐渐在英国兴起并扩散到世界范围，在音乐方面的影响尤为深刻，这场运动覆盖了设计、音乐、服饰、文学、影视等多个领域。现代以后，一些著名的珠宝设计师开始在珠宝界演绎哥特风格，并将哥特式标志性元素运用到首饰设计中。

来自波兰的设计师Agnieszka Osipa（阿格涅斯卡·欧西帕）十分擅长制作具有哥特风的头饰品（图1~图4）。其作品充满浓郁的斯拉夫文化底蕴与暗黑哥特风格，令人惊艳。Agnieszka热衷于从绘画和民间传说中获得灵感。她从小就对东欧的传统文化深深着迷，而这也在后来帮助她形成其极具个人特色的超现实主义风格。

图5

一件优秀的哥特风格设计作品，并非只是运用一些表面化的阴郁、黑暗的形象或者色调来表达主题，它必须拥有设计师自身独立的思想和内涵。哥特文化黑暗、阴沉的精神内核与对死亡美学的偏爱，通过诠释人类生命中不可避免的悲伤与死亡来抒发对生命价值的感慨，这样的精神内涵决定了其外在艺术表现形式必定是不同寻常的。也正是如此，哥特风格的设计作品往往能够通过具有强烈视觉冲击力的表达方式给人带来前所未有过的心灵触动，使人们重新思考生命与死亡的意义。美国设计师 Christi Anderson（克里斯蒂·安德森）通过对哥特风格的思考，设计了一组立体匣子项坠（图5）。藤蔓的装饰和金属的色调营造了浓郁的哥特风格。这些能封藏秘密的匣子、能装下迷人主题的项坠……它们将要盛载的不是童话，而是佩戴者的故事。

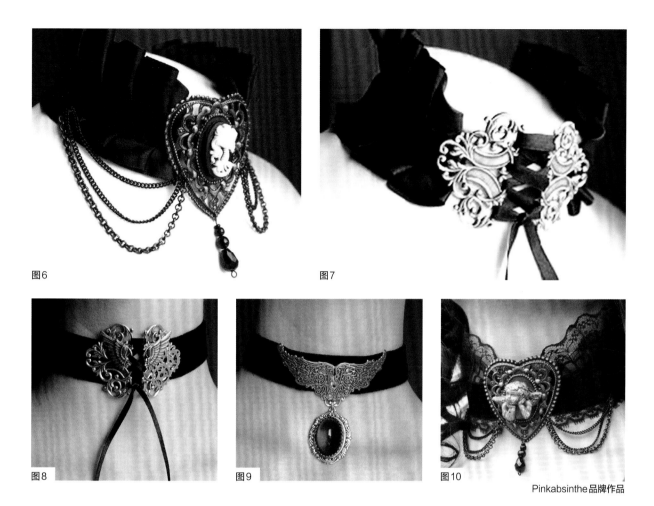

图6　　　　　　　　　　　　图7

图8　　　　　　　　　　　　图9　　　　　　　　　　　　图10

Pinkabsinthe品牌作品

　　在配饰设计中，对风格的精准把握能使设计师们更加容易利用设计表达出自身真实的创作意图。哥特式艺术是夸张的、不对称的、奇特的、轻盈的、复杂的和多装饰的，以频繁使用纵向延伸的线条为其一大特征。具有哥特风格的首饰作品因此在造型上具有夸张、奇特的特点。哥特风格的颜色以黑色为主，给人神秘、高贵和性感的感受。其次选用红色，以及大量使用金属色。哥特式首饰多选用皮、蕾丝、雪纺、绸缎、羽毛等。配饰以低调的银饰为主，或锁链和铁钉。哥特式首饰设计题材广泛运用植物、动物以及宗教元素，如玫瑰、荆棘、卷草纹、蝙蝠、骷髅等。除此之外的标志性元素包括十字架、鲜血等。设计品牌Pinkabsinthe（领结的时尚）以哥特风格为基调，推出了一系列暗黑而复古的领结配饰（图6~图10）。通过对黑色蕾丝、黑色缎带、黑色皮革和雕花金属等材料的运用，这些纯手工制作而成的领结散发着哥特繁复奢华的艺术风情。

思考与行动：

　　现代首饰设计追求首饰设计的多元化发展，哥特艺术风格以其夸张不失含蓄、优雅、神秘、多元化的艺术特点融入当今首饰设计，结合现代首饰设计的新材料、新工艺、新技术开启了现代首饰设计新的发展方向，在当今时尚设计舞台上大放光彩。中国高级定制服装设计师郭培在其秀场中所使用的耳饰，具有浓郁的哥特风格。该组设计通过对西方哥特式艺术风格的探索，将建筑、灯饰的廓型用金属缠绕的方式制作成极具线条感的精美耳饰（图11）。在这肃黑低沉的色调和尖角耸立造型的融合中，哥特风格被展现得淋漓尽致。

　　请运用哥特风格艺术，设计一款创意配饰。

图11

巴洛克咏叹调

传统艺术以其无穷的魅力和穿越时间的传承性，影响着一代又一代人的审美品位。而所谓"艺术风格"意味着一件作品是依照某种特定的组合方式构成的，它本身有着内在的和谐一致，但又明显地区别于其他的艺术形式，因而能给人带来深刻的印象。

巴洛克艺术是欧洲经典的艺术风格之一。巴洛克(Baroque)一词最初源自葡萄牙语，意指"变了形的珍珠"，也被引用为脱离规范的形容词。含有不整齐、扭曲、怪诞的意思。17世纪初，巴洛克艺术在教皇所统治的意大利罗马诞生、发展。此后，巴洛克艺术逐渐扩散到欧洲的其他地区。从艺术特点来看，巴洛克艺术其实是对文艺复兴艺术的一次"反叛"。文艺复兴艺术所追崇的古典主义，强调刚劲、严肃、均衡等艺术特点，然而巴洛克艺术却追求动态的、标新立异的和非完整性的，并强调光线的对比。巴洛克艺术风格既是宏大、热情的，也是瑰丽、浓烈的。将巴洛克风格融入现代首饰设计中，首饰的魅力也由此进一步升华（图1~图6）。

图1

图2

图3

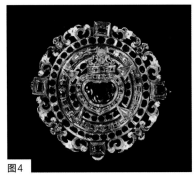

图4

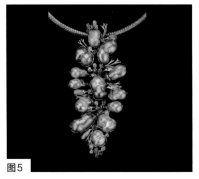

图5

图6

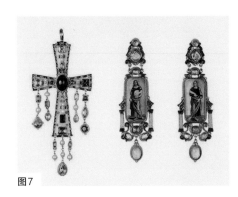

图7

巴洛克艺术的特点：（1）极尽奢华。巴洛克艺术服务的对象为教会、贵族群体，因此追求装饰繁复、富丽堂皇的奢华效果。（2）激情澎湃。巴洛克艺术打破了文艺复兴时期古典主义的和谐宁静，将艺术品进行夸张的扭曲，从而营造出一种全新的视觉体验。（3）运动性。巴洛克艺术中的线条描绘事物的运动状态，反映出创作者内心的躁动。（4）宗教性。最初的巴洛克艺术是为宗教服务的，因此在巴洛克艺术中不可避免地具有大量的宗教题材和设计元素。Diego Percossi Papi（迭戈·帕比）是当代世界闻名的意大利珠宝设计大师，他的创作充满着巴洛克艺术风格，华丽宝石的镶嵌和大量宗教元素的使用令其作品多了几分奢华、圣洁之美（图7）。

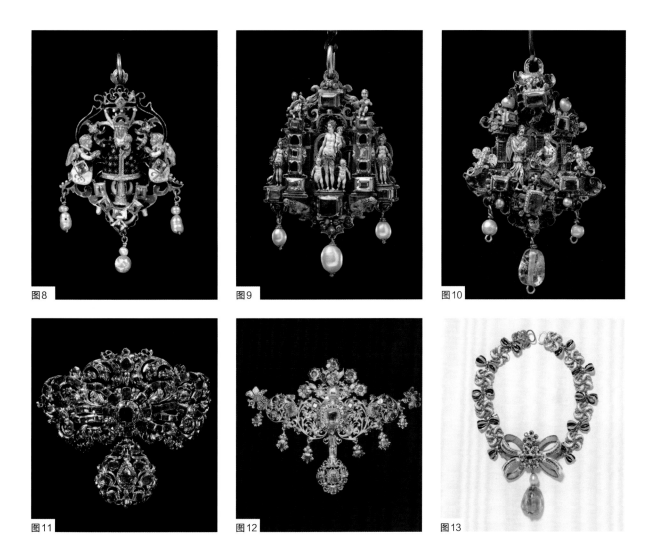

图8　　　　图9　　　　图10

图11　　　　图12　　　　图13

　　巴洛克风格曾有过辉煌灿烂的时期，历经百年岁月后的它依然拥有亘古不变的艺术魅力，一如歌剧中动人心弦的咏叹调。在巴洛克风格珠宝设计中，最具代表性的设计叫塞维涅蝴蝶结（Sevigne Bowknot）。这是最早的蝴蝶结珠宝，诞生于17世纪中期。法国作家塞维涅夫人（Marquise de Sevigne,1626～1696）让这种珠宝风靡一时。此外，珐琅、钻石切割、浮雕人像等都是巴洛克风格珠宝设计中最常见的表现形式。"新巴洛克"是人们给现代巴洛克风格的一个称呼，其特点是造型浮夸而富有视觉冲击力，纹理繁杂，装饰多且精致，复杂的排列乱中有序（图8～图13）。在做工方面十分考究，精于工艺。巴洛克风格的再流行使得装饰主义重新占领了时尚设计的主流之席。动感的曲线、宝石密镶的工艺以及大量珍珠、金银装饰的广泛应用，都是巴洛克风格对于现代艺术设计影响的最佳证明。

思考与行动：

　　在现代首饰设计中运用巴洛克艺术风格，并不是对以往风格元素的生硬套用，而是经过对传统艺术风格的品位和了解后，将其艺术特色和文化内涵逐一融入现代首饰的创作中。关键在于始终将创新和超越传统视为现代首饰创新设计的目标。现代设计师以巴洛克艺术中典型的珍珠和蝴蝶结元素为创作题材，结合现代审美和珠宝装饰工艺，制成了秀丽复古的新巴洛克设计作品（图14、图15）。

　　请将现代首饰设计的创新思路与巴洛克艺术风格互相融合，设计一款创意配饰。

图14

图15

第二节 艺术缪斯论 | 赛博朋克

赛博朋克一词由"Cyber"（赛博）与朋克文化的"Punk"（朋克）组合而成。"Cyber"指网络、高科技，同时也引申出黑客、虚拟数字网络之意，而"Punk"则指多元文化，是对音乐、服装与个人意识主张的广义文化风格的集合。20世纪的60～70年代，中东战争和冷战的爆发，导致了这个时代是一个黑暗压抑的时代，这个时代也是科幻艺术创作的绝佳的参考背景。美国科幻作家 Bruce Bethke（布鲁斯·贝斯克）由此率先使用了"赛博朋克"这个词，其作品从科幻角度表现了在未来高科技发展下，人类与机械相互依存的"赛博朋克时代"。需要注意的是，赛博朋克并不是由朋克音乐演化而来，而只是同用了"朋克"这个词，以此指代同样的时代和同样的环境背景。最初源自作家之笔的赛博朋克，经过视觉化后获得了大众的喜爱，并逐渐形成一种独立的艺术风格。现代电影作品、建筑场景、插画艺术等领域中，赛博朋克风格被大量使用，其所展现出来的画面大多是色块碰撞下所呈现出的科技感，光芒笼罩着冰冷无味的霓虹灯、机械部件组装的"人类"、无序散乱的街头，给人一种强烈的科技感和未来感（图1～图6）。

图1

图2

图3

图4

图5

图6

图7

图8

赛博朋克风格特点为：（1）未来与科技。在人工智能的高速发展下，人类思维在虚拟空间进行交流和从事任何活动，而赛博世界的复杂性也催生了仿生机械。通过人工智能、虚拟数据、网络、荧光等要素表现出科技感。（2）阴暗性。赛博朋克风格运用残破锈霉的街巷、密布的广告牌等烘托出压抑、阴暗、潮湿的视觉氛围，与拥有诸多高科技的社会形成了强烈的反差。（3）多元文化融合。赛博朋克文化一直伴随着传统和新兴文化之间的激烈冲突。例如，概念化的城市和贫民窟、蓝灰的冰冷色调、明亮的标志和霓虹灯，以及东方字体文化的结合等。首饰品牌YVMIN（尤目）将2020春夏系列命名为"E.G.2020"（图7、图8），以具有多元文化融合的赛博朋克风格为灵感，并尝试营造一个未曾出现过的"2020年代"。

图9

图10

图11

图12

图13

图14

Dmitry Mel 设计作品

赛博朋克所营造的艺术氛围常常将人们带入一种反乌托邦的状态。乌托邦，意为不存在的地方，寓意为完美的社会。与之相对的"反乌托邦"，即充满不幸与矛盾的社会。这种社会表面上充满和平，但却充斥弊病与隐患，如犯罪、迫害等。事实上，赛博朋克文学正是反乌托邦文学流派中的一个分支，是对人类未来社会的悲观预测和表达。因此赛博朋克风格也常被认为是一种"反乌托邦式美学"。当代的赛博朋克核心内容是黑客、虚拟数字空间、网络、机械义体、高科技武器等。俄国艺术家Dmitry Mel（德米特里·梅尔）以Cyber Girl（赛博女孩）为主题拍摄了一组具有赛博朋克艺术风格的摄影作品，通过该作品展现出艺术家心中赛博朋克女孩的性感与魅力，同时探究了赛博朋克在服饰领域的可能性与多元化（图9~图14）。

思考与行动：

赛博朋克作为一种亚文化，在现如今媒体的助推之下，与主流文化相比具有更加主动的传播能力。从原本的文学作品催生出了大量的游戏以及影视作品，它是一种新的艺术形式。艺术工作者以及概念设计师从赛博朋克的精神内核入手，了解其背后的价值观、哲学思想等，才能更好地把握赛博朋克风格的视觉表现。设计师以赛博朋克的荧光、机械、科幻等要素为创作灵感，设计出一组超现实面具，表达了反乌托邦式主题理念（图15、图16）。

请阅读赛博朋克相关文学作品，写一篇不少于2000字的观后感，并尝试以赛博朋克元素设计一款创意配饰。

图15

图16

图1

图2

图3

有机形态是指可再生的、有生命机能的自然形态。自然界中所有生物的形态千差万别，但却到处都体现着美的形式法则，比如对称、节奏、对比等。它们的生成并不简单，总是由各种元素交织混合在一起才能展现在人的面前，如不同的外形、体积、颜色、肌理、结构等，这些元素通过重复、交织、再生等过程，使得它们自身互相融合，最后形成了完整的有机形态。正是这些丰富多样的有机形态为人类的设计创作提供了无穷无尽的灵感素材。

在现代首饰设计中运用自然界中的有机形态，往往能塑造出和谐、朴实、返璞归真的自然风格。当下是经济高速发展的时代，信息化和数字化充斥着人们的生活，人们由此开始渴望回归自然，得到心灵上的放松。当充满自然风情的有机形态首饰设计映入人们的眼帘时，总能唤起大家对大自然的怀念和向往。因此，有机形态设计必然会得到越来越多现代设计师和消费者的青睐。花卉是自然界中富有美感的有机形态之一，设计师们以常见的花卉作为创作灵感，将其各种形态设计成首饰造型，并在材料上选取具有晶莹感的宝石或玉石，运用镶嵌工艺进行装饰。优美的曲线和清新淡雅的配色融合在一起，形成了自然恬静的美（图1~图4）。

图4

图5

现代首饰设计中的有机形态首饰可以分为纯装饰性有机形态首饰、情感化有机形态首饰，以及与人体密切结合的有机形态首饰。其中，纯装饰的有机形态首饰因生动丰富的形态更容易被大众所接受。这类首饰大多使用了复杂的制作工艺，选材也较为昂贵。而情感化有机形态首饰则是在装饰性的基础上，将更多自然界中生动、有趣、温馨的画面应用到首饰设计中，从而引起人们的情感共鸣。与人体密切结合的有机形态首饰则是将首饰视为人体的一种延伸，这类首饰不仅起到了装饰美化人体的作用，而且无形中也成了人体的一部分，更富有功能性（图5）。

图6

图7

图8

谈到自然有机形态在首饰中的应用，一定会提到新艺术时期的首饰设计。新艺术运动起源于19世纪末20世纪初的法国。它摒弃了矫揉造作的维多利亚风格，推崇自然并提倡对传统手工业的复兴和重视。在这一时期的首饰设计中，设计师们大多从自然界中寻找设计灵感，采用植物、动物作为首饰的造型，并在装饰上放弃了传统直线型的装饰风格，转而突出表现曲线，以形成一种视觉上的动态美。当时的艺术家们渴望在自然中寻找真正的"美"，将丰富的自然形态融入首饰作品中，赋予了首饰一种蓬勃的生命力。其中来自法国的珠宝制作师Georges Fouquet（乔治·福

图9

图10

凯）以及设计师René Lalique（雷内·莱丽卡）都是新艺术时期杰出的珠宝设计代表人物。他们的设计充分运用自然花卉的形态、色彩、肌理等元素，加以具有动感的藤蔓式曲线作为装饰处理。整体作品的设计风格还受到了东方文化的影响，具有一种工笔画般富丽堂皇的精致美感（图6~图10）。

思考与行动：

现代首饰设计对自然形态的使用，不再像古代人出于对自然的崇拜或祭祀需要，也不再满足于新艺术运动对其进行装饰变形后的二维艺术效果，现代设计师们从观察、提炼方法到分析、设计过程，都有了更深入的思考，同时也运用更多元化的设计手法、材料和工艺，创造出更加灵动的自然风格首饰（图11）。

请围绕自然形态首饰设计这一主题，探讨其在现代首饰设计中的创新思路，写一篇不少于2000字的论文。

图11

植物庄园

仿生设计是对自然界客观存在的事物进行分析与认知，通过形态、颜色、解构等的研究，在设计的过程中有选择地进行与设计对象的结合。从一定程度上来讲，仿生设计也为现代设计提供了新的设计角度。早先的仿生设计是对自然客观事物的直接模仿，如人类历史上最早使用的斧头是对动物爪牙功能的直接模仿；最早缝纫工具的骨针是原始人类对鱼骨的模仿；而舟的造型来自人们对于鱼形态的模仿。尽管这些仿生设计的形式比较简单，却是现代仿生设计发展的基石。如今，仿生设计从最初的直接模仿造型，逐步发展到懂得分析有机形态的内部结构特征和局部细节，进行更加理性和多样化的模仿，并形成了一套关于仿生设计的理论体系，将仿生设计归结为形态仿生、功能仿生、结构仿生、色彩仿生、肌理仿生等内容。这对人类社会科学技术的发展起着指导作用，也使设计与自然达到了高度的统一。

美国设计师Katherine Dustin（凯瑟琳·达斯汀）运用形态仿生的思路设计了一系列大胆奇特的包袋。这系列作品名称为《植物荚》，其包袋的外形轮廓和构成细节都酷似某种蔬菜，其内部便是可放置物品的空间。该作品既将各种植物的形态模仿得极其逼真，同时也兼备了功能性（图1~图5）。

图1

图2

图3

图4

图5

Katherine Dustin 设计作品

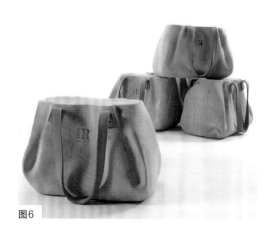

图6

在形态仿生设计中，对有机形态特征的提取和简化十分关键。其中，简化手法可分为以下几种：（1）规则化。即将有机形态中无秩序的线条、形态、构成要素进行规则化的概括，可使之形成理想化的抽象形态。（2）几何化。将仿生对象复杂的形态用高度精简的几何形状来体现，由此可凸显整体的形态轮廓。（3）变形与夸张。将模仿对象的形态、结构、位置关系进行人为的改变后，创造一个令其本质特征突出的形状。

从造型上看，一款具有手提包形态的设计作品其实是一把实木凳子。它采用变形与夸张的简化手法，以雪松作为制作材料，通过切割打磨工艺在木头上制作出包袋特有的褶皱特征，从而赋予其本身材质所不具有的柔软感，使整件作品充满了趣味性与艺术感（图6）。

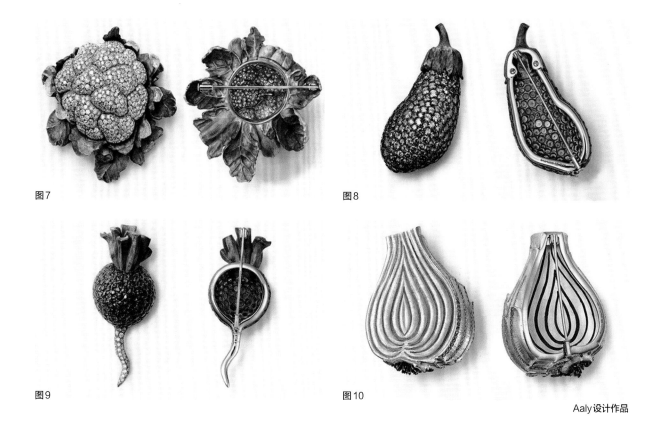

图7

图8

图9

图10

Aaly 设计作品

形态仿生主要分两种形式：一种是对自然生物的直接拟态，也称有机形态仿生。这样的模仿强调形象逼真、注重表现自然形态的特征；另一种是抽象形态的模仿。人们通过深入研究自然物的本质特征，归纳提炼自然物最具生命力、运动感的形态特征，再用抽象的仿生形态模拟出来。在现代首饰设计中，可单独使用上述一种方式进行创作，也可以结合两种方式进行创作。多元化的设计思路能使仿生形态的有机性、饱满性、流线型、运动感及生命力在现代设计作品中体现出独有的形态魅力。

知名时尚品牌Hermès(爱马仕)的设计师Aaly（阿雷）以蔬菜形态为设计灵感，制作出一系列具有低调奢华感的珠宝胸针。因其外观与蔬菜相似，给人感觉既亲切又十分有趣。经过钻石与珠宝满镶装饰后的蔬菜胸针显得晶莹璀璨：黄灰色调钻石镶成的菜花配上纹路清晰的菜叶，体现精美时尚感（图7）；以紫色钻石点缀镶嵌的茄子造型格外耀眼（图8）；晶莹剔透的粉色钻石将萝卜变成令人爱不释手的饰品（图9）；外表奇特的洋葱点缀着精美的钻石，给人一种犹抱琵琶半遮面之美（图10）。

思考与行动：

首饰设计相比其他的产品设计，更强调形式美、装饰性。如何确定选取的仿生目标具有可行性呢？首先，要仔细观察仿生对象是否具有引起美感的视觉元素，如形态、色彩、肌理等。其次，要考虑仿生对象是否能唤起人们的情绪共鸣。此外，设计师也可以根据目标市场人群所喜爱的有机形态来完成仿生对象的筛选。来自伦敦时装学院的学生Yue Zou（邹悦）以青葡萄为灵感，制作出生动形象的青葡萄耳饰。一颗颗嫩绿而透明的"葡萄"，连着其藤蔓，给人们带来蓬勃的生机感（图11）。

请根据上述确定仿生对象的方法，选择一个仿生对象，并对其形态特征进行观察和分析，写一份设计可行性分析报告，最后尝试将自己的思考结果运用于实际，设计一款创意配饰。

图11

藻菌之恋

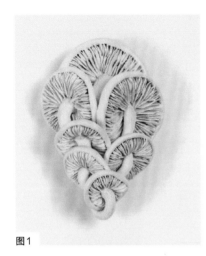

图1

肌理是广泛存在于自然界中一切生物与自然本身存在物的表面纹理特征，它是通过自然生物在生长过程中不断调节变化，最后形成的一种体表形态。人们可以通过视觉或触觉来辨别不同肌理之间的区别。肌理的样式种类繁多、形式多样，它们的大小疏密各有区别，如有的纹样表面光滑如镜面或者凹凸不平，有的表面肌理具有色彩变化，有的表面肌理排列整齐、均匀或者错综复杂，在同一种生物体中几乎找不到两种完全相同的纹路。设计师在进行首饰创作时，可以提取具有富有形态变化的纹理用于首饰造型外观设计，由此提升作品的层次感和形式美。设计师Heeang Kim（赫昂·金）采用肌理仿生的方式制成一系列富有趣味性的菌形胸针。他选取黏土、金属、陶瓷、珐琅等材料，将疏密层叠的蘑菇肌理褶皱表现栩栩如生，营造了一股纯净美好的自然艺术风格（图1~图7）。

图2

图3

图4

图5

图6

图7

图8

自然生物的表面肌理形式多样，根据其构成特点可归纳为以下两类：第一类，平面肌理，如斑马、猎豹、梅花鹿等肌体表面的斑纹。这些生物体表存在许多大小不一，规则或不规则的，甚至颜色不同的平面图形，在视觉上具有繁杂、重复性的美。第二类，立体肌理，如鳄鱼、蜥蜴、河豚、苔藓、树皮等肌体表面的纹理，属于一种立体纹理。具有一定的凹凸感、起伏感和节奏感，用手触摸时会给人带来不同的触感。来自丹麦哥本哈根的艺术家Turi Heisselberg（特瑞·赫斯保格）从苔藓、地衣和岩石的表面肌理中感受到了一种富有韵律的美感。他将这些具有立体感的生物肌理运用在陶瓷创作中，赋予了其作品逼真的肌理造型，给人们带来了不同的审美感受（图8）。

图9

图11

图10

图12

Kate Bajic 设计作品

　　肌理仿生即设计者借鉴和模拟自然物表面的纹理质感和组织结构特征属性，如石头的质感、树皮的纹理以及羽毛的感觉等。设计师可以通过观察自然生物的表皮肌理，从而获得设计灵感，并在设计中模拟这种肌理效果，从而创造出造型更加丰富多元的设计作品。"地衣"作为植物界中一类特殊的植物，是由藻类和菌类混合组成的复合体，也是生态学上空气的指标。只要有地衣，就有生命的存在，所以地衣也总是被誉为原始生态系的生物先锋与先驱。珠宝设计师 Kate Bajic（凯特·巴季特）将这种生物特性延伸到首饰领域，利用在观察地衣时挖掘到的有机形态，从而创造出新颖的配饰（图9～图12）。为了能创作出艺术和科学领域紧密结合的作品，Kate Bajic 将除了运用传统的首饰制作技巧，还将更多样化的浇铸、激光切割和纤维技术融合在一起。

思考与行动：

　　设计者在进行创作的时候，需要通过观察来捕捉和理解有机形态的外在特征。观察时应注意先把握住整体轮廓造型特征，然后再观察局部的肌理细节特征，从而准确地把握完整的有机形体结构。设计师 Edward Fleming（爱德华·弗雷明）通过对蘑菇菌类的长期观察，将其造型和肌理制成了首饰。充满线条肌理和奇幻色彩的蘑菇造型使该首饰作品具有浪漫唯美的艺术气息（图13）。

　　请运用从整体到局部的观察方式，从造型和肌理等角度观察三个具有独特外观的自然生物，对观察结果进行记录分析，并将其制成具有肌理美感的创意首饰。

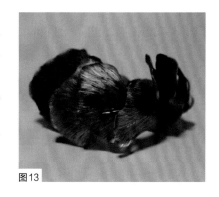

图13

海洋天堂

图1

色彩仿生是以对自然色彩的客观认识为基础，根据色彩本身的物理、化学性质和人类对色彩的认知规律，按照一定的艺术手法把自然界的生物色彩应用到相应的作品中去的设计方法。色彩仿生设计的基础是自然界的色彩规律和人类的色彩感觉，其依据是色彩给人的视觉感受和进一步由视觉感受引起的心理与情感反应。色彩可以传递给人们不同的感情信息，在进行首饰设计的过程中，可以从自然生物身上绝妙的色彩及搭配中，观察和发掘其一定的形式变化法则和搭配规律，然后将它们表现出来的色彩关系和对比调和的特征运用于设计中，使设计对象在颜色上配合其他功能特征的仿生运用。

设计师Wanshu Li（李婉姝）以水母、海藻等海洋生物为灵感，设计了一组色彩斑斓、艳泽动人的创意首饰（图1～图6）。大多数海洋生物都具有柔软、轻盈、发光的特点，更重要的是它们具有令人惊艳的色彩特征。设计师由此利用紫外线使尼龙线产生荧光效果以此模拟水母的色彩，为佩戴者带来了愉悦的视觉享受。

图2

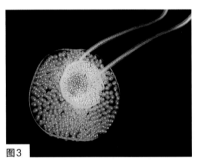

图3

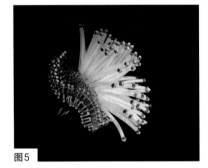

图4

图5

图6

Wanshu Li设计作品

图7

图8

仿生色彩源于自然，是人积累视觉经验的主要源头，在色彩表现与情感传达中能体现出联想与象征、复杂与多义、协调与整体等特点。在首饰设计中，设计师可以通过归纳总结能引起某种情绪的色彩，运用联想与象征手法将其融入作品中，从而将设计者自身内心的情感用隐喻的方式投射出来。意大利珠宝商Vhernier（维哈尼尔）推出一组以海洋生物为主题的珠宝设计。通过不同海洋生物造型的硅质宝石构成具有强烈视觉张力的胸针配饰，透明的宝石散发着神秘而绚烂的色彩光泽。该组作品表达出设计师对自然万物的热爱和对生命的赞颂（图7、图8）。

图9

图10

图11

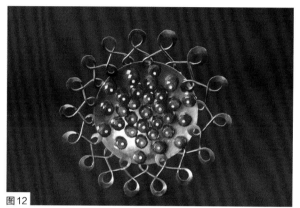

图12

Tzu-Ju Chen设计作品

优秀的仿生色彩设计作品能给使用者带来不一样的视觉和使用体验，并对仿生产品产生深层次的认同感。在色彩仿生中，色彩的色相、纯度、明度是色彩基本构成元素，决定了色彩的相貌、明暗以及性格。而色彩搭配是将两种或两种以上的色彩放在一起后产生的视觉效果，它由色彩的面积、比例、位置及排列方式所决定。色彩的位置和排列方式则决定了各色彩之间的组织结构关系。同样的色彩搭配不同时，其色彩特征和带给人的视觉感受会完全不同。色彩的形态就是承载色彩的物体形态，通过色彩形态能给色彩表情做出进一步解释和引申，使色彩要传达的信息更为准确。色彩仿生设计要求各仿生色彩在空间位置上是有机组合的，是按一定比例，有秩序、有节奏、相辅相成地构成和谐的色彩整体。因此，色彩仿生要素间的合理配置决定了色彩仿生设计作品效果的好坏。来自罗德岛设计学院的学生Tzu-Ju Chen从海洋生物的色彩构成中获得创作灵感。在其设计中，他运用珊瑚、珍珠、银以及翡翠等材料，根据色彩搭配原理，将暖色调的玉石点缀在素白色的珊瑚造型上，形成了明艳秀丽的艺术效果（图9～图12）。

思考与行动：

优秀的首饰设计讲求色彩协调统一、渐变有序、主次分明、构图合适、主题鲜明。大自然中的色彩生动丰富且具有生命力。在进行创作时，设计师们要对大自然保有敏锐的判断、持续观察和思考的精神，善于观察与发现自然的美，并将其转化为自身的创作素材。印度设计师Neha Dani（尼赫·丹尼）的设计灵感源于海藻、珊瑚、浪花等海洋元素。他利用具有渐变色调的彩色宝石赋予其作品绚丽活泼的色彩（图13）。

请观察自然生物的色彩，从其色彩构成中提取色相，并设计一款以色彩搭配为重点的首饰。

图13

虫形物语

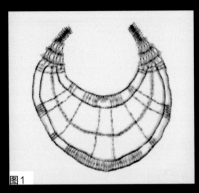

图1

图2

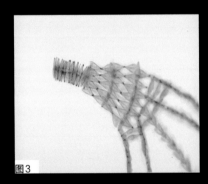

图3

结构仿生设计，是指通过研究自然生物的内部生长结构特征，取其结构造型的独特之处，并将其应用到设计中。最常见的就是对植物的茎、叶和动物的形体、肌肉、骨骼结构的模仿。例如，蜜蜂的六角蜂巢，其结构紧凑、巧妙合理。不但以最小的材料获得最大的空间，而且以单薄的结构获得最大强度和刚度，无论从美观和实用角度来考虑都十分完美。该结构如今被广泛应用在建筑、航机火箭等领域中。而在首饰设计中，将自然生物的优美结构应用于创作中，不但能使产品有完备的功能和醒目的结构，同时也能使之具有自然物的生命特征和美的意义。

Luci Jockel（露西·乔克尔）是来自美国宾夕法尼亚州费城的一位珠宝设计师。她常利用死亡动物的骨骼制作珠宝，由此在人类和动物之间建立一种联系。（图1~图4）这一系列作品是Luci利用死亡蜜蜂的骨翅所制成的一组首饰设计。蜜蜂的翅膀具有繁复的纹理、轻薄的羽翼和规整的骨骼结构，在视觉上具有一种独特的形式美。通过对蜜蜂翅膀的组合、连接，形成了一种盈透、沉寂的艺术美感。她通过该作品表明对环境脆弱性的关注，并希望其能引发人们对与自然动物共存关系的思考。

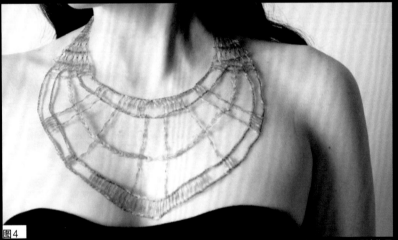

图4

Luci Jockel设计作品

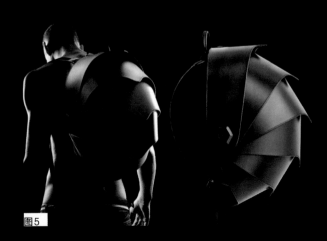

图5

结构仿生设计从生物学角度出发，追求形式上的创新，以及设计的科学性与合理性，这既是向大自然之美的致敬，也是现代社会审美进步的体现。创意品牌Cyclus Pangolin（穿山甲）将仿生学结构融入包袋设计中，以穿山甲的结构造型为灵感，采用壳式结构，设计简洁大方十分有个性。设计师采用耐磨性与防水性较高的橡胶材质，简化穿山甲的鳞片数量，只用了六片便组成了形似穿山甲的拱起外形。打开包袋时，需要通过转轴将一个个鳞片推开，十分有趣。该款包袋除了奇特、前卫的外形设计，功能性与实用性也非常强，包的内部有大型拉链口袋和多个小型的功能口袋，能满足人们的不同需求（图5）。

图6

图7

图8

现代人对于自然的关注日益密切，对人与自然之间的关系也有了更深入的思考。事实上，人与自然从来不是征服与被征服之间的对立关系，而是和谐平等的共生关系。现代设计师们在这样的社会思潮影响下，开始尝试运用更多元的仿生技法，在设计中融入自然生物的结构、造型等元素。成虫是昆虫变态发育的最后一个阶段。经过完美的蜕变，每一只成虫带着近乎完美的结构造型来到这世上。来自乌克兰的著名箱包设计师Konstantin Kofta（康斯坦丁·可夫卡）从自然界中的昆虫造型和结构中

图9

图10

Konstantin Kofta 设计作品

获得灵感，通过皮革和树脂材质的综合使用，将包袋设计成虫形外观，表达出对生命和自然的敬意（图6~图10）。

思考与行动：

通过对自然的观察，汲取自然万物的结构特征作为设计灵感，并通过理性的思考和取舍，加上装饰性的加工和首饰化处理，设计出美丽的首饰。其中，对所选取的有机形态进行首饰化，可以通过借用、移植、替换等方法直接塑造出逼真的有机形态，还可以对模仿对象进行概括、提炼、几何化等方式再现模仿对象的结构特征。来自美国罗德岛设计学院的学生Cecilia Zhu（塞西莉亚·朱）从蜜蜂的生态结构中得到灵感，并以黄铜作为设计材料，制作出精巧生动的胸针配饰（图11）。

请观察自然界中的有机形态结构，对其进行特征的分析和提炼，最后设计一款创意配饰。

图11

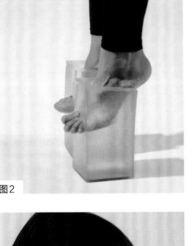

图1

图2

图3

第四节 | 概念狂想曲
原创风暴

对于现代人来说，名气大、历史悠久、材质昂贵等因素已不再是考量配饰产品的首要因素，取而代之的是对个性的追求，而原创设计正好弥补了这个缺口。通过设计师自己发明创造的具有文学、艺术或科学性，并以一定物质形式表现出来的作品成果都能够被称为原创设计。原创配饰设计又可以从设计理念、材质工艺、外观造型、情感表达、审美取向等多方面入手进行创作。

概念设计是以概念构想为主线贯穿全部设计过程的一种设计方法，它表现为由粗略到精细、由模糊到清晰、由抽象到具体的不断进化的过程。一般说来，概念设计往往会高于现实思考，这也是为什么这类设计看起来不太实用的原因。概念设计以另一种方式影响着人们，那就是对未来抱有期望，于是越来越多的配饰设计师将对未来的设想与憧憬融入设计中，创造出概念配饰。概念配饰本身是实验性的，不强调功能，不必具有可佩戴性，甚至也可以不是实体，它与绘画、雕塑等一样是纯粹的艺术品。此外，它也是一种理想化的产物，既可以改变人们对现有生活的传统印象，也有可能产生对现有技术的革新（图1~图4）。

当代艺术家及配饰设计师注意到人们对生活情趣的追求逐渐提升，于是转向以生活经历、热点话题或人生感悟等为灵感进行创作，让受众可以更好地从自身出发理解作者想要表达的观点，产生共鸣并引发深思。

图4

图5

概念配饰的特征有以下几个方面：（1）实验性。概念配饰打破传统思维模式，采用新视角、新材料、新工艺进行实验与突破，最终将前所未有的视觉效果呈现在观者眼前。（2）内涵性。传统配饰通常注重用贵金属及稀有宝石来增强配饰外在美感及华丽感，而概念配饰不仅具有美观的外表，同时还饱含着设计师想要传达的深刻思想内涵。（3）艺术性。通过新颖独特的创作形式将设计师的设计理念呈现在观者面前，在一定程度上弱化了配饰本身的实用功能，在造型、工艺与材质等方面体现出较高艺术性（图5）。

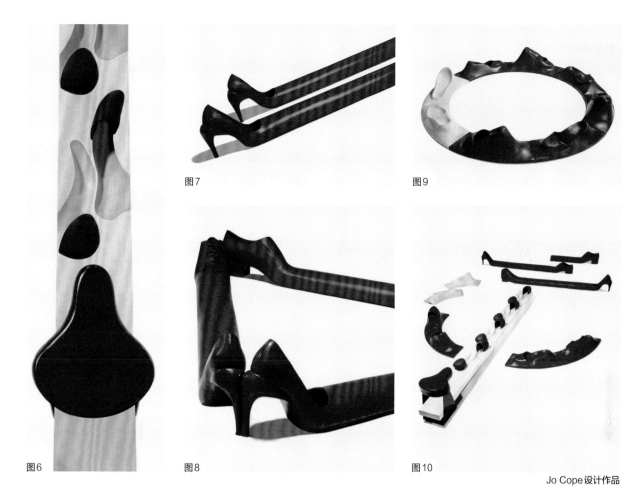

图6　图7　图8　图9　图10

Jo Cope设计作品

　　概念设计的过程不仅仅是设计师发挥想象力的过程，还是设计师与使用者不断对话的过程。传统配饰大多需要依附佩戴者才能展示出其艺术价值，具有较强的实用性与功能性，而概念配饰不一定需要佩戴者配合，它自身就是一件艺术品，等待着被不同观者探索与解读。概念配饰模糊了设计与艺术之间的距离，使得理性的思维被感性的外在所替代。

　　Jo Cope（乔·科普）是一位概念设计师，她的作品处于时尚、艺术和工艺的交汇点。近年来她一直致力于传统鞋类工艺研究，努力将鞋子的形式与功能感知推向极限。《行走生命中双脚的语言》这一系列作品旨在向传统手工制鞋匠致敬。许多工匠将自己的一生都奉献给了制鞋行业，这其中就包括Jo的家人，他们有人曾是鞋匠或包装工人，一天要工作长达18小时，只为打造出舒适合脚的鞋子。在创作过程中，Jo以打造巨大的加长版木制鞋楦为起始，象征着手工匠人们每日漫长的工作时间，还有许多以鞋楦组成的环形或直线型作品则代表着工匠们日复一日、年复一年的辛勤工作。这些鞋楦通过看不见的连接象征，向人们传递着精益求精、用户至上的工匠精神（图6～图10）。

思考与行动：

　　随着时代的发展，人们审美理念不断变革，越来越崇尚造型与风格化的表达，配饰设计中的非物质性因素在社会生活中所占比重越来越大。概念配饰作为一种精神象征融入人们的生活中，呈现出独树一帜的风格，虽然在商业价值方面不及传统配饰，但其却带动了配饰行业内部的原创风暴，给设计师们树立了新的潮流风向标（图11）。

　　请尝试构思一款概念配饰，并思考拟运用的材质及工艺，撰写一篇不少于1500字的设计说明。

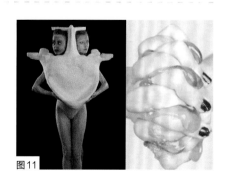

图11

图1

图2

图3

第四节 | 非凡帽饰
原创风暴

　　帽饰对你来说是什么，是遮阳挡雨的工具，是体现自身个性的装饰物？还是遮挡发型缺陷，亦或是把自己隐藏起来的面具？虽然帽饰在制作与使用上并没有明确的定义和规则，但其独具创意的造型与风格是吸引观者眼球的主要特色。

　　被誉为"英国帽子之父"的Stephen Jones（斯蒂芬·琼斯）为时尚界创造了太多充满臆想的设计，这些设计"精准"地刻画出了每一个时代独有的时尚风貌。自1983年起，Stephen开始为时装设计师们定制T台帽饰，他曾与Jean Paul Gaultier（让·保罗·高提耶）、Thierry Mugler（蒂埃里·穆勒）、Christian Dior（克丽斯汀·迪奥）、Louis Vuitton（路易·威登）等知名设计师合作。在时尚设计师们的心中，没人比Stephen更能读懂服装背后的设计思维。他的作品甚至被巴黎卢浮宫、纽约大都会艺术博物馆收藏。所以他的作品被称为艺术品一点都不为过。

图4

Stephen Jones设计作品

　　Stephen的帽饰作品可以赋予佩戴者强大的气场以及无法被忽视的存在感。在Stephen眼中，时尚定律永远是与当下潮流相背离的，所以他的设计无论在造型还是材料选择上都异常夸张大胆，完美诠释了英国时尚界最前卫叛逆的一面（图1~图4）。

图5

　　服饰搭配逐渐成为每个人生活中不可忽视的重要环节，在整身的服装搭配中，头部与足部是其成败的关键因素。帽饰造型对着装者的整体个人造型有着巨大的影响力，一顶合适的帽子对于一套精美的装扮来说无疑是点睛之笔（图5）。那么如何根据脸型来选择适合自己的帽子呢？

　　鹅蛋脸自古以来就被喻为美丽和谐的脸型，所以任何形态的帽饰搭配都是可以的；菱形脸的主要缺陷是头顶较尖，而帽饰正好能够完美掩盖这一不足，所以菱形脸也相对来说不挑帽型；圆脸在挑选帽饰时应避免选择圆形或体积较小的帽饰，最好选择轮廓线硬朗、体积较大的帽饰，给观者呈现出脸部较小的视错效果；方脸则应选择线条相对柔和的圆顶钟型帽，打破过于硬朗的脸部线条；脸型较长的人要避免选择帽冠过高的帽子，否则会更加凸显脸型缺陷；心型脸应尽量选择大于颧骨宽度的帽饰，这样可以有效修饰脸型。

图6

图7

图8

英国帽饰设计师Philip Treacy（菲利普·崔西）师从Stephen Jones，受师傅的启蒙，加之自身天马行空的创意思维，创造出了许多独具特色的帽饰艺术品。此外，在各大时装周的频频露面更是让他的帽子魔法疯狂蔓延。他的创作灵感通常来自土著部落、雕塑和自然生物等，并对各种材质了如指掌，平淡无奇的材料经他之手都可以幻化为惊艳的顶上风景。在Philip眼中，帽饰更像是奢侈品，一顶漂亮的帽子，不但有修饰外观的作用，更重要的是令佩戴者的外形显得高贵而富有个性魅力。他将帽子视为身体的一部分，他所做的帽饰几乎都在向上、向两旁拓展，试图占据更大空间以增强气势（图6～图10）。

图9

图10

Philip Treacy设计作品

思考与行动：

伦敦艺术大学学生Emma Yeo（艾玛·悦）的帽饰作品给人繁复夸张的戏剧化效果。Emma受鸟巢造型启发，运用各种藤条、植物纤维模仿鸟类筑巢时穿搭、压叠等搭建方法，编织出造型狂放却又不失精致的创意帽饰。在制作过程中，设计师结合各种不同材料及特殊工艺，尝试探索和制造更多新奇造型，尽量释放材料的最大延展性，提升整体艺术美感（图11）。

请尝试构思一款造型夸张的帽饰，并选用合适的材质将其制作出来。

图11

叙事性首饰的概念最早由首饰家 Jack Cunningham（杰克·坎宁安）在其博士论文 *Maker-Wearer-Viewer*（《制造者-佩戴者-观看者》）中提出，他认为小体量的物件可以探讨大主题、涉及大胆宣言并发出有价值的提问，就如诗歌一样，是将观点浓缩、提炼至简化的再现视觉艺术。Jack 将首饰的叙事性特征类比为诗歌，让首饰由概念观点升华至象征意义。首饰的叙事性不仅关乎设计师情感的传达，同时还与佩戴者与观看者产生了联系，于是在佩戴行为中产生了新的叙事链。除了直观的交流作用之外，其基于物质性的美学体验也是叙事性首饰不可忽视的核心价值。

随着当代首饰设计的发展，更多首饰作品被赋予除"装饰形式"之外的意义，在首饰设计中更加注重设计理念与情感的传达。在创作过程中将设计理念情感化、直观化，并且最终成品以更易于感知的形态呈现，这种叙事化的首饰设计方法便可以称为"叙事性首饰设计"。叙事性首饰无论是个性化还是大众化，它所表达的情感总是游离在个人与群众之间，不同的人会有不同的情感解读，而经历相似的群体会则产生相同的感触（图1~图5）。

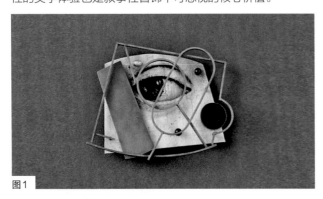

图1

图2

图3

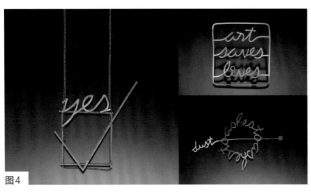

图4

图5

图6

设计师将产品作为媒介，使观者或佩戴者通过首饰的外观形态就大致可以了解与之相关的故事或者行为。但是在创作过程中，设计者提供的仅仅是有限的场景，其作品内涵则需要观者结合自身经历，发挥想象去探索与解读。同时，设计师们也开始尝试运用多种材质进行表达，以材质的特性来辅助设计师与观者进行更深层次的"交流"。

Tabea Reulecke（塔贝亚·罗伊勒克）的首饰像色彩斑斓、充满童趣的绘本或动画，向人们讲述着有趣的故事（图6）。她通常选用木材、珐琅或简单的混合材料制作首饰，并以动物、人形作为创作主题。单独来看，Tabea 所制作的物件本身往往只代表一个片段语境，但是当他们聚合在一起的时候，这些只言片语便会组合出丰富生动的画面效果。

图7

图8

图9

叙事性是当代首饰的核心概念和主要实践取向之一，艺术家们将首饰作为情感载体，在观者、佩戴者与设计师之间架起一座桥梁，向人们讲述故事、唤起记忆、表达情感、探讨人生，这便是叙事性首饰所要传达的设计理念。

英国伯明翰城市大学珠宝学院院长 Jack Cunningham（杰克·坎宁安）专注于叙事性胸针设计。他认为胸针的佩戴具有随意性，是一种记录人们情感及事件经过的载体。在他的作品中，很多元素都来源于生活，并以视觉图像的形式向人们讲述着自己的故事（图7~图11）。他喜欢将不同的材料制作成不同的形状或象征符号，比如用木头、玉石、树脂、微缩花草模型等做成桃心、圆形、十字架、鱼形……用这些抽象的象征符号记录自己的回忆、经历、感情和遭遇，抑或是所遇到的别人的故事与经历。对于 Jack Cunningham 来说，一件首饰作品经过构思、打磨、煅烧到完工等过程，虽看似完成，但在某种程度上还是残缺的，直到佩戴者或观赏者的出现，它们的意义才得以完整。

图10

一件首饰往往会讲述一些关于创作者的故事，尽管它们可能相当地隐晦。它由佩戴者表明一个有意识的决定，然后成为媒介，让更广泛的观者看到此作品。佩戴者很有可能会通过个人参照来理解这一作品，与设计师的出发点不尽相同，这时佩戴者便成了首饰与其他观众沟通过程中的一部分。如此一来，逐渐形成创作者、佩戴者、观者之间的三角关系，同一件首饰作品也因此有了多元化的解读。这就是叙事性首饰的魅力所在。

图11

Jack Cunningham 设计作品

思考与行动：

叙事性首饰可以作为一种记录的形式，也可以作为传达记忆情感的一种媒介。德国艺术家 Isabell Kiefhaber（伊莎贝尔·克里夫哈贝尔）用树脂制作出一系列独特的微观戒指。每个戒指中都承载着不同的故事，有的是一对夫妻在草坪上打高尔夫球，有的是一个孤单的男人在滑雪，有的是一对密友相约晨练……Isabell 将生活中遇见的各种场景和人物定格到首饰中，向人们讲述着生活中的平淡与乐趣。

请尝试将自己的一段难忘经历或生活中的趣事以叙述性的表达方式融入首饰设计中，撰写一篇不少于1500字的设计构思。

图12

人体配饰

图1

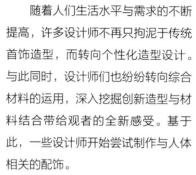

图2

随着人们生活水平与需求的不断提高，许多设计师不再只拘泥于传统首饰造型，而转向个性化造型设计。与此同时，设计师们也纷纷转向综合材料的运用，深入挖掘创新造型与材料结合带给观者的全新感受。基于此，一些设计师开始尝试制作与人体相关的配饰。

毕业于英国伦敦艺术大学的Georgina Hopkin（乔治娜·霍普金）在其毕业创作中以人体各种内脏和器官为灵感，制作了一系列与人体相关的配饰设计。她挑选了一些色调相近的材质，如粉红色系的水晶、珍珠、天鹅绒等，并运用可塑性极强的

发胶泡将这些材料堆积、融合在一起。虽然"人体器官"这个题材会让大家觉得有些毛骨悚然，但整体的粉红色调却赋予了作品浪漫柔美的气息（图1～图5）。Georgina 并没有将配饰造型做得十分逼真夸张，而是充分将不同颜色与不同质感的材质进行巧妙搭配，使其呈现出酷似人体内脏般的柔软质感与鲜活生命力，在似与不似之间留给观者想象的空间。

艺术造型的过程是客观事物融入作品的过程。优秀的原创设计作品通常具有独特而夸张的造型，能够很好地展示设计师的感情及艺术创作理念。设计师在运用综合材料表达创意造型时，应该在不同材质中寻找或制造出衔接点，既保留材质本身的特性，同时也传达出更具创意的设计风格。

图3

图4

图5

Georgina Hopkin 设计作品

图6

英国艺术家Rob Elford（罗伯·埃尔福德）的这系列 *The Vacanti Man*（瓦坎蒂人）作品灵感来源于1997年轰动一时的 "Vacanti Mouse"（瓦坎蒂鼠）实验。当年哈佛医学院研究者Joseph Vacanti（约瑟夫·瓦坎蒂）成功在小白鼠背部种植出了人类外耳郭。

Rob Elford也模拟这种实验手法，运用3D打印技术制作了这系列特殊的配饰，将其"依附"于年轻男模身上。该系列作品虽然不具实用性及功能性，但却以奇特新颖的造型吸引观者眼球。作品中手的造型是扫描的真实人手，然后使用CAD软件将其抽象为多边形外观，并加以夸张的眼球造型，制成可佩戴的头饰、耳饰、肩饰或其他身体部位装饰品（图6）。

设计师们擅长通过个人的主观处理，把客观存在的物象演变为一种带有自身风格的情感表达载体。设计师Beate Karlsson（贝特·卡尔森）以胎儿在妈妈肚子里的场景为灵感来源，制作了一系列色彩丰富又具有童趣的饰品。在该组作品中，Beate运用艺术家Matthias van Arke（马蒂亚斯·范·阿克亚）所提供的综合材料，制作了多种不同形态的胎儿形象，这些胎儿有的安静趴着；有的打着哈欠；有的手舞足蹈，仿佛在独自玩耍；有的则闭着眼睛在酣睡（图7~图10）。整组设计作品色调淡雅，体现出胎儿在母亲体内无忧无虑的欢乐场景。而艺术家也通过这组作品探寻了生命与人体之间的哲学关系，并表达出对生命的由衷赞美与崇敬。

图8

图9

图7

图10

Beate Karlsson设计作品

思考与行动：

设计师Selda Oketan（赛达·欧克坦）所创作的珠宝系列作品包含各种造型的精美人物雕塑，这种微缩人体元素与佩戴者形成十分有趣的对比效果。其设计灵感来源于日常对人类各种行为和情绪的思考，每件作品的背后都有一个故事，而设计师正是通过不同的人体造型试图将故事灵魂注入每件作品，使观者在佩戴时不由发起深思（图11）。

请尝试探寻人体与配饰设计之间的联系，构思一款人体配饰，选用合适的材质将其制作出来并配以设计说明。

图11

超越现实

法国超现实主义创始人 André Breton（安德烈·布勒东）在其发表的《超现实主义宣言》中定义超现实主义为一场思维活动，其抛弃教条和理性的分析，追求精神的纯粹自然反应，将潜意识和梦境想象作为理论支持，人们通过口头或书面的形式阐述心中的真实想法。超现实主义最初作为一种创作手段想要通过打破传统与规则来引起震撼，它影响了文学、摄影、电影、绘画、建筑等领域的创作方式和思维习惯。发展至今，超现实主义已成为现代文化乃至日常生活的一部分，很多喜剧都含有超现实主义的成分，如一些荒谬古怪、如梦如幻般的场景。除此之外，还可以在广告设计、首饰设计、绘画等领域看到超现实主义的影响。

伦敦艺术家 Amy Judd（艾米·贾德）绘制了一系列非常逼真的超现实主义油画作品。她的灵感来自世界各地的传统神话故事，讲述了少女与动物之间的关系。这些画作静默而又充满超现实感，在少女头部饰以各种羽毛装饰，显得有些怪异与不切合实际。但在 Amy 看来，这些装饰更像是庄严的头盔与护甲，可以赋予女性超强的力量与勇气（图1~图7）。

图1

图2

图3

图4

图5

图6

图7

Amy Judd 设计作品

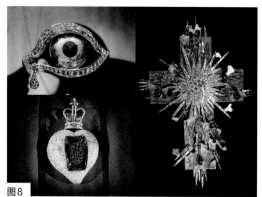

图8

说到超现实主义作品，不得不提到 Salvador Dali（萨尔瓦多·达利），他与毕加索、马蒂斯并称为20世纪影响最广泛的三大画家。

Dali 的珠宝融合了粗犷与精致、荒诞与严肃、戏谑与沉痛，是其绘画作品中"超现实"精神的延伸，其作品表面传达的暴力、情色、神话与宗教的背后有着对反战、宿命、爱情、和平的追求与向往。他著名的作品有《永恒之眼》《生命之树》《皇家之心》《记忆的永恒》等，这些珠宝虽看起来奢侈华丽，但却有着强烈震慑心灵的魅力，蕴含着潜意识中的恐惧阴影以及对自由与永恒的渴望。这些几十年前的超现实主义珠宝至今看来依然独具风格，十分前卫与叛逆（图8）。

图9

图10

图11

在当代艺术变化进程中，超现实主义作为一种异类思维方式，极具创造性和建设性，其影响也扩散到了首饰领域。日本设计师Maiko Takeda（武田麻衣子）受歌剧*Einstein on the Beach*（《沙滩上的爱因斯坦》）中空间时代的未来主义气息影响，创作了这一系列具有超现实主义风格的配饰（图9~图13）。

Maiko Takeda对纤维、塑料、纸、金属等各种材料进行了大量的研究和实验，最终将分层印刷的透明胶片夹在亚克力中间并与银色跳环连接在一起，使作品呈现出无形光环的视觉效果。一般配饰通常具有装饰性与实用性，为佩戴者服务，而Maiko Takeda的这系列配饰尖锐犀利，打破传统材质的束缚，将其与高科技工艺相结合，制造出密集尖锐的散射状形态，使人不敢靠近。Maiko Takeda执着于为身体创造虚幻缥缈的装饰品，她认为用这种矛盾对立来颠覆观众的期望是非常令人兴奋的，这种神秘的魅力将指引她做出更多超越现实的艺术作品。

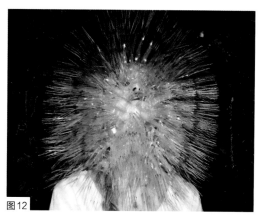

图12

这种反常规的创意思维与前卫时尚的创意美学完美融合，传递出震撼的超现实主义感。在数字化时代，技术已经模糊了真实世界与数字世界之间的边界，随着设计师们对技术的不断探索可以开发出更多新奇的创意。

图13

Maiko Takeda设计作品

思考与行动：

超现实主义以其自由不羁的表达方式在当代首饰设计中打造出神奇诡异却又摩登前卫的艺术作品，深受大众喜爱，符合当代人的个性追求。艺术家Alina Carp（阿丽娜·卡普）受超现实主义启发，颠覆传统首饰制作方式，抵抗理性思维的干扰，运用金属丝制作了一系列小型人体面部装饰艺术品，旨在化解梦境与现实的冲突，让观者不禁想深入探究面具后面隐藏的深层情感（图14）。

请查阅相关资料，更加深入地了解超现实主义题材配饰作品的风格特征及精神内涵，尝试构思一款超现实主义风格配饰，并谈谈其未来发展趋势，撰写一篇不少于1500字的论文。

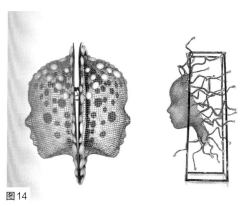

图14

参考文献

References

[1] 要彬. 时髦的质感[M]. 天津: 百花文艺出版社, 2002.

[2] 要彬, 纪向宏. 配饰时代[M]. 北京: 中国时代经济出版社, 2003.

[3] 卞向阳. 服装艺术判断[M]. 上海: 东华大学出版社, 2006.

[4] 崔珉荣, 金志炫, 朴惠淑, 等. 创意之上的设计表达与实现Producing[M]. 武传海, 郭亚奇, 译. 北京: 电子工业出版社, 2012.

[5] 田中光一. 在设计中行走[M]. 王庆, 孙亦凡, 译. 北京: 机械工业出版社, 2017.

[6] 滕菲. 首饰设计: 身体的寓言[M]. 福建: 福建美术出版社, 2016.

[7] 文灿, 金美子, 林男淑, 等. 与众不同的设计思考术Thinking[M]. 武传海, 译. 北京: 电子工业出版社, 2012.

[8] 徐恒醇. 设计美学概论[M]. 北京: 北京大学出版社, 2016.

[9] 祝锡琨, 薛刚, 刘军平, 费飞. 艺术设计学科基础教程: 形态语意[M]. 沈阳: 辽宁美术出版社, 2008.

[10] 张兵. 藏匿的体温: 手工制作设计专辑[M]. 天津: 天津大学出版社, 2011.

[11] 黄梦新. 概念首饰设计的材料观念[J]. 美术观察, 2018(9): 137.

[12] 胡俊. 谈当代首饰艺术的风格与类型化[J]. 艺术与设计(理论), 2014(Z1): 97-99.

[13] 刘顺利. 创意设计实践离不开形象思维[J]. 美术大观, 2016(11): 136-137.

[14] 李砚祖. 漆艺即漆工艺[J]. 美术观察, 1996(11): 14-15.